极化 SAR 影像超像素分割
和面向对象分类方法

覃发超　编著

U0308469

科学出版社

北　京

内 容 简 介

　　本书以提高全极化合成孔径雷达（SAR）影像处理速度及解译精度为目标，系统研究极化雷达基础理论及现有的极化SAR分割、分类方法，并提出新的算法。全书内容包括：介绍极化SAR影像分割分类的研究动态；系统阐述雷达极化测量的基本理论；深入研究极化目标基本散射机制模型及其特点，在此基础上进一步研究极化目标分解理论及典型方法；参考光学图像分割中的数学算法，结合目前极化SAR影像分割算法细节信息保持效果差、分割速度慢等研究现状，对极化SAR数据的特点从距离量度、聚类中心初始化、后处理等方面进行改进，提出PoISLIC超像素分割算法；将RBM算法和AdaBoost框架结合，一方面利用面向对象的思想克服极化SAR影像中相干斑噪声的影响并加快处理速度，另一方面利用基于深度学习模块的多分类器集成框架克服极化SAR影像中地物目标散射机理复杂、单一分类器难以实现高精度分类的问题，建立RBM-AdaBoost算法。

　　本书可作为高等院校遥感、绘测、GIS和电子工程等相关专业的教学和研究参考，也是一本适用于雷达遥感研究人员、工程师等的参考书籍。

图书在版编目（CIP）数据

极化SAR影像超像素分割和面向对象分类方法/覃发超编著. —北京：科学出版社，2018.4

　　ISBN 978-7-03-055698-1

Ⅰ.①极… Ⅱ.①覃… Ⅲ.①遥感图象-数字图象处理-研究 Ⅳ.①TP751.1

中国版本图书馆CIP数据核字（2017）第293629号

责任编辑：杨光华/责任校对：郑佩佩
责任印制：彭 超/封面设计：苏 波

科 学 出 版 社 出版

北京东黄城根北街16号
邮政编码：100717
http://www.sciencep.com

武汉市首壹印务有限公司印刷
科学出版社发行 各地新华书店经销

*

开本：B5（720×1000）
2018年4月第 一 版 印张：7
2018年4月第一次印刷 字数：141 000
定价：48.00元
（如有印装质量问题，我社负责调换）

前　言

合成孔径雷达(synthetic aperture radar，SAR)技术是遥感技术的一个重要分支，具有全天时、全天候、对地物有一定穿透性等突出优点。与单极化 SAR 相比，全极化 SAR (polarimetric SAR，PolSAR)能够记录地物目标完整的极化散射信息，由于电磁波极化对地物目标的形状、属性和物理结构都非常敏感，利用全极化 SAR 信息可以大大提高地物目标分类的精度。然而，SAR 特殊的成像机制，造成 SAR 影像处理难度大、解译精度低等问题，限制了 SAR 的广泛应用。

本书以提高全极化 SAR 影像处理速度及解译精度为目标，基于面向对象的思想对极化 SAR 影像超像素分割及面向对象分类等方面进行深入研究。从极化 SAR 基本概念出发，概述极化 SAR 基础理论，包括极化电磁波的表征、极化 SAR 数据的矩阵描述、极化合成、极化 SAR 数据的统计特性、极化目标分解。然后讨论常用的极化 SAR 影像超像素分割及面向对象分类算法，如 Ncut 分割、GBMs 分割、SLIC 算法、Wishart 最大似然分类器、随机森林、集成学习、受限玻尔兹曼机(RBM)和自适应提升(AdaBoost)框架等。基于此，考虑到目前极化 SAR 影像分割分类的不足，将针对光学图像的简单线性迭代聚类(SLIC)算法引入极化影像处理领域，结合基于深度学习的多分类器集成算法和超像素分割及监督分类器，提出 PolSLIC 超像素分割算法和 RBM-AdaBoost 分类算法，并通过实验证明所提出的算法提高了运行速率，具有良好的分割效果和分类精度。

　　具体研究内容与成果如下。

　　（1）系统研究雷达极化测量的基本理论，包括极化电磁波的矢量化及矩阵描述、极化 SAR 数据的统计特性、极化合成等方面。深入研究极化目标基本散射机制模型及其特点，在此基础上进一步总结和研究极化目标分解理论及典型方法。

　　（2）系统研究现有的极化 SAR 影像分割算法，针对现有算法处理速度慢、分割效果差等问题，将针对光学图像的简单线性迭代聚类（simple linear iterative clustering，SLIC）算法引入极化影像处理领域，并根据极化 SAR 数据的特点从距离量度、聚类中心初始化、后处理等方面进行改进，提出 PolSLIC 超像素分割算法。通过两组机载 L 波段数据进行实验，证明所提出的算法相比原始 SLIC 算法及目前极化 SAR 领域较常用的分割算法在处理速度及分割效果方面有明显的优势。

　　（3）系统研究现有的极化 SAR 影像分类算法，将受限玻尔兹曼机（restricted Boltzmann machines，RBM）和自适应提升（adaptive boosting，AdaBoost）框架结合，一方面利用面向对象的思想克服极化 SAR 影像中相干斑噪声的影响并加快处理速度，另一方面利用基于深度学习模块的多分类器集成框架克服极化 SAR 影像中地物目标散射机理复杂、单一分类器难以实现高精度分类的问题，建立 RBM-AdaBoost 算法，避免对大体量数据的需求，更适合于面向对象的处理方法。通过机载 L 波段数据进行实验，证明该方法在分类精度方面优于堆叠 RBM 模型和其他常用的极化 SAR 分类方法。

　　完成本书，绝非我一个人的努力所得，而是源于团队的力量。中国矿业大学的朗丰铠老师和武汉大学的孙卫东老师给了我重要指导，尤其在最后两章的算法研究、改进方面给了我十分中肯的建议和巨大的帮助。西华师范大学的邓青春老师阅读论证了本书前两章的内容，并给予了宝贵的修改意见。蒋婷、徐珍、吴强建中和赵文琳四位研究生在成书后期，对本书内容进行了校对、修改和完善。对此，我致以衷心的感谢。

　　本书出版由以下项目资助：国家自然科学基金面上项目：GB-INSAR 图像误差特征分析与改正模型研究（项目编号：41474004）、四川省科技厅应用基础研究项目：面向对象的极化 SAR 影像灾情评估研究（项目编号：2018JY0318）、西华师范大学博士科研启动专项项目：面向对象的极化 SAR 影像地理应用研究（项目编号：17E033）、西华师范大学英才基金项目：基于极化 SAR 影像的土壤水分反演（项目编号：17YC122），在此表示感谢！

　　由于作者水平有限，书中难免有疏漏之处，恳请广大读者不吝赐教。

作　者

2017 年 7 月

目　录

第 *1* 章 绪 论

1.1　合成孔径雷达(SAR)概述

　　合成孔径雷达(synthetic aperture radar, SAR)技术是遥感技术的一个重要分支,与可见光以及红外遥感相比,SAR具有全天时、全天候、对地物有一定穿透性等突出优点,并且特征信号丰富,含有幅度、相位和极化等多种信息,因此从一出现便受到人们的重视。目前,无论发达国家还是发展中国家都在加大投入力度,竞相研究和发展 SAR 技术。由于SAR 信息处理技术明显落后于信息获取技术,特别是实时自动解译技术仍然处于发展阶段,无法及时从大量的数据中发掘有用信息,使得 SAR 技术的推广应用受到限制。此外,极化 SAR 影像的人工判读和自动解译由于 SAR 影像特有的成像机理和 SAR 影像成像环境的复杂性而变得非常困难(周晓光,2008)。因此,如何对 SAR 影像做出快速而准确的目标解译,是当前亟需解决的一个难题,也是 SAR 影像处理领域的一个重要研究方向。

　　SAR 影像分类是遥感影像分类的重要组成部分,是 SAR影像解译的重要研究内容,在地形制图、城市规划、地质勘探、森林参数估计、农作物生长状况监测及海冰探测、海洋环境监测等方面都有很广泛的应用。但是由于缺乏对各种地物与电磁波之间的相互作用机理的深入理解,传统 SAR 影像地物分类主要依赖于后向散射强度信息,采用方法大都是针对光学影像的处理方法,再加上 SAR 影像固有的斑点噪声的影响,增加了从 SAR 影像中挖掘有效信息的难度,使得 SAR 影像特征提取的有效性低,SAR 影像分类精度难以满足实际需求。

与单极化 SAR 相比,全极化 SAR(polarimetric SAR,PolSAR)能够记录地物目标完整的极化散射信息,电磁波极化对地物目标的形状、属性和物理结构都非常敏感(郎丰铠,2014),因此利用全极化 SAR 测量能获得更多的地物目标信息,从而可以大大提高利用 SAR 数据进行地物目标分类的精度。1988 年,美国麻省理工学院的孔金瓯教授领衔的研究小组第一次利用极化 SAR 测量数据对地物进行分类(冯琦,2012;Kong et al.,1988),掀起了一股极化 SAR 图像分类的研究热潮(周晓光,2008),至今极化 SAR 图像分割分类仍是极化 SAR 图像处理领域的研究热点之一,并已成为 SAR 影像分类的主要研究方向。目前,欧美日等发达国家机载和星载极化 SAR 传感器已发展成熟,并且已经商业化,而国内机载极化 SAR 系统才研制成功不久,正处于蓬勃发展阶段。随着极化 SAR 传感器的发展成熟,可获取的极化 SAR 数据越来越丰富,极化 SAR 影像分割分类研究方兴未艾。

1.2　极化 SAR 影像分类研究动态

现在,全世界科技比较发达的国家都非常重视极化 SAR 影像分割分类方面的研究工作,很多国家已经取得了非常显著的成果。究其原因是它们的极化 SAR 系统的成熟运行和对极化数据处理理论长期深入的研究。由于长期以来缺乏极化 SAR 影像实验数据及实验区验证数据,我国极化 SAR 影像分类方面的研究一直落后于国外,目前主要还处在对国外先进算法的跟踪和改进阶段。到目前为止,国内外学者已经提出很多极化 SAR 分类算法,根据不同的标准,这些算法可以有不同的划分方式(吴永辉,2007)。

(1)根据是否需要人工选择训练样本,分为监督分类和非监督分类。

(2)根据是否利用像素的空间相关性,分为基于像素的分类和基于区域/对象的分类。

(3)根据所用的分类器,分为统计、知识、决策树(decision tree,DT)/随机森林(random forests,RF)、支持向量机(support vector machine,SVM)、人工神

经网络（artificial neural network，ANN）、马尔科夫随机场（markov random field，MRF）、模糊逻辑和遗传算法等方法。

（4）根据极化信息的利用方式，分为利用散射矩阵和散射矢量、极化干涉相干矩阵、极化特征参数和协方差（相干）矩阵等方法。

由于第一种分类方式是遥感影像分类中最常用的分类方式，因此本书仅从非监督分类和监督分类两方面对极化 SAR 影像分类现状及趋势展开论述。

在非监督分类方面，Van Zyl（1989）把极化 SAR 数据分为体散射、奇次散射、"不可分类"和偶次散射四大类散射机制，对后续非监督分类算法的提出产生了深远的影响。为了解释极化 SAR 数据的物理散射机制，Cloude 等（1997a）和 Pottier 等（1995）对极化 SAR 数据进行特征分解，提取出熵 H 和 α 角，并首次将其用于极化 SAR 数据的分类，此方法有效地利用了极化散射信息，但是阈值的选取不具有自适应能力。为了解决阈值选取的自适应问题，Lee 等（1999a，1994a）提出将 Wishart 分类器和 H-α 分解结合进行迭代分类。为了得到更精确的分类结果，Pottier 等（1999，1997）在 H/α-Wishart 分类的基础上进一步引入各向异性度（反熵）A，使得在同一 H-α 区域的不同地物类别得以区分。H、α 和 A 都是从极化散射机理的角度获得的，这些参数通常比较粗糙，纹理信息丢失严重，为了充分利用极化 SAR 影像的纹理信息，Cao 等（2007a，2007b）、曹芳等（2008）和杨杰等（2011）提出分别利用极化总功率交换端口分析器（switched port analyzer，SPAN）和极化白化滤波（polarmetric whitrning filter，PWF）结果来改进 $H/A/\alpha$-Wishart 分类方法。Wishart 迭代分类器虽然具有自适应能力，但是在迭代的过程中忽略了像素的极化散射特性，因此 Lee 等（2004）结合 Freeman 分解和基于 Wishart 分布的最大似然（maximum likelihood，ML）分类器提出了一种能保持极化散射特性的分类方法。之后，杨杰等（2012a，2012b）和郎丰铠等（2012）又在此方法基础上分别加入了规范化圆极化相关系数、最优相干系数、Freeman 熵和各向异性度等参数，增强了该方法对建筑与植被、水体与裸土等易混分区域的区分能力。最近，Cheng 等（2014）提出了一种基于相干矩阵的散射机制分类算法，相比于 H/α 方法在计算效率和精度上均有提高。此外，Wang 等（2013）提出使用 Freeman 散射能量熵和同极化比来进行极化 SAR 非监督聚类；Liu 等（2013）提出了一种基于超级像素的、聚类数可自适应的聚类算法，也非常具有代表性。

在监督分类方面，目前最著名的是 Lee 等（1994a）提出的基于复 Wishart 分布的多视 ML 分类器。之后的许多极化 SAR 分类算法都是在该分类算法基础上的扩展或改进（郎丰铠 等，2012；杨杰 等，2012a，2012b，2011；曹芳 等，2008；

Cao et al.,2007a,2007b;Lee et al.,2004,1999a;Pottier et al.,1999,1997)。匀质区域极化 SAR 数据可以用复 Wishart 分布描述,非匀质区域如城区、森林等极化 SAR 数据要用更精确的模型如 K 分布(Beaulieu et al.,2004;Lee et al.,1994b;Novak et al.,1989),及服从广义逆高斯分布时导出的 G^0 分布(Frery et al.,2006;Freitas et al.,2005)。近几年,Vasile 等(2010,2008)提出用球不变随机矢量(spherically invariant random vector ,SIRV)模型来描述高分辨率、异质区域的极化 SAR 数据分布,并基于 SIRV 模型推导出新的 ML 分类器,实验证明该分类器在植被、建筑区域分类效果优于基于 Wishart 分布的 ML 分类器。除以上基于概率分布的分类方法,基于 ANN、SVM 和 RF 等分类方法由于不需考虑统计分布模型,直接通过训练样本就可建立通用的分类方案,并且能保持较好的分类效果,获得许多研究人员和生产者的青睐(Maghsoudi et al.,2013;Shi et al.,2013;Tu et al.,2012;Shimoni et al.,2009;Sambodo et al.,2001;Chen et al.,1996;Pottier et al.,1991)。

随着极化 SAR 系统的飞速发展,人们可利用的极化 SAR 数据越来越丰富,极化 SAR 影像分类算法研究正朝着多波段、多极化、多时相、多尺度甚至结合干涉信息的多维数据特征融合的方向发展,并且越来越多地使用面向对象的分类方法,以充分利用高分辨率多维数据所包含的丰富地物信息进行高精度地物分类(Jin et al.,2014;Maghsoudi et al.,2013;Niu et al.,2013;Shi et al.,2013;Tu et al.,2012;Shimoni et al.,2009)。然而,由于极化 SAR 数据中可用的特征参数较多,如果不加筛选用来分类,可能会遇到"维数灾难"问题。对此,常用的解决方法有两类,一种是特征选择,如 Maghsoudi 等(2013)提出一种基于支持向量的特征选择器,对提取的 58 个特征进行选择,然后用 SVM 进行分类;另一种是特征变换或特征融合,如 Shimoni 等(2009)从 L 和 P 波段极化以及极化干涉 SAR 数据中提取了 76 个特征参数,然后尝试利用逻辑回归和 ANN 算法对特征进行融合,最后利用 SVM 进行分类。另外,基于流形学习的降维方法近几年也被引入极化 SAR 分类。Tu 等(2012)首先提取了 14 组共 42 个特征参数,然后用拉普拉斯特征图算法对特征参数进行降维,最后利用 K-最近邻(K-nearest neighbor,KNN)或 SVM 对降维后的 3 个主分量进行监督分类。之后,Shi 等(2013)又提出采用监督图形嵌入算法对高维特征进行降维。为了明确各特征参数在土地覆盖分类中的贡献量,Jin 等(2014)利用 RF 算法对从多时相极化 SAR 数据提取的包括强度、极化、干涉、纹理四组共 132 个特征量进行分类,发现强度信息对于分类是必不可少的要素,而其他信息与强度组合可以提高分类精度。

面向对象的光学遥感影像分类方法已被广泛研究,但是专门针对极化 SAR

影像的相关算法研究较少,更多的是利用已有方法进行分类方面的应用。在分类器方面,PolSAR 影像分类中最流行最基本的分类器就是 Lee 等人提出的 Wishart 最大似然监督分类器(Lee et al.,1999a,1994a)。此外,机器学习算法如决策树/随机森林、支持向量机、深度学习等也是较流行的分类方法(Maghsoudi et al.,2013;Qi et al.,2012;Huang et al.,2011;Lardeux et al.,2009)。深度学习算法已在许多不同的领域中显示出良好性能,深度模型通常通过堆叠相似的模块构建,如受限玻尔兹曼机(restricted Boltzmann machines,RBM),尤其适合于利用大数据来鉴别复杂目标。

1.3　极化 SAR 影像分割研究动态

通常遥感影像处理的基本单元是像素,因此处理数据量大、对噪声敏感。面向对象的遥感影像分析方法通过将影像分割为一个个对象,使处理单元大大减少,并可抑制同质区域内部噪声的影响,充分利用对象形状、纹理等信息,从而提高影像解译的速度和精度,现已成为一个新的遥感影像处理模式(Blaschke et al.,2014;Blaschke,2010)。

影像分割是面向对象分类研究中必不可少的一部分,极化 SAR 数据分割精度与分类精度呈严格的正相关性(赵磊,2014;杨新,2008)。面向对象的分类方法在光学遥感领域应用已较为成熟,一些遥感应用软件如易康(eCognition)、ENVI、ERDAS 等均提供影像分割及面向对象的分类等功能。但是在极化 SAR 领域,相关研究成果较少,主要的极化 SAR 处理软件如 PolSARpro、NEST、ENVI SARscape 等均没有极化 SAR 影像分割及面向对象的极化 SAR 分类功能。

按照所使用的核心技术,现有的极化 SAR 图像分割方法主要有以下四类(张杰,2012)。

1. 基于阈值的分割方法

该类方法的基本思想是使用一个或多个阈值将图像的灰度级分割为几个部分,将所有灰度值处于指定阈值间的像素视为隶属于该类特定的地物(高娜,2014;李俊英,2011)。阈值分割的关键环节是阈值的确定,如何搜索出最优阈值也是该方法研究的难点和热点。常用的阈值处理方法有:双峰法(Papamarkos et al.,1994)、最大熵法(Kapur et al.,1985)、最大类间方差法(景晓军 等,2003;Gong et al.,1998;刘健庄 等,1993;Otsu,1979)和最小误差法(Kittler et al.,

1986)等。此外,邱双双(2014)结合模糊 C 均值聚类和阈值分割实现了 SAR 图像分割,实验结果表明该方法具有较高的可靠性。安健(2014)研究了基于 Otsu 和模糊聚类算法的极化 SAR 分割和分类,得到了较好的结果,且该算法对噪声和离群点有一定容忍度,但阈值和参数设置仍需进一步研究。

阈值分割算法简单便捷、运算速度快,但是该算法只考虑了像素本身的灰度值,而没有考虑其空间特征,所以对噪声很敏感,通常需要和其他方法结合起来才能运用于极化 SAR 图像的分割。故此方法只适用于反差较大的目标和背景的分离,而不适用于包含复杂地物信息的极化 SAR 图像分割。

2. 基于区域生长的分割方法

该类方法的基本思想是将具有相似性质的像素集合起来构成区域。该类方法主要包括分水岭算法(Watershed)(朱腾 等,2015;巫兆聪 等,2012;Yu et al.,2000)、简单线性迭代聚类(simple linear iterative cluttering,SLIC)(Qin et al.,2015;Salembier et al.,2014;Achanta et al.,2012,2010)、基于语义的迭代区域生长(iterative region growing with semantics,IRGS)(Yu et al.,2012,2008;Qin et al.,2010)、均值漂移(mean shift,MS)(Zhang et al.,2013;Beaulieu et al.,2010;Wang et al.,2010;Comaniciu et al.,2002;Cheng,1995;Fukunaga et al.,1975)和统计区域合并(statistical region merging,SRM)(郎丰铠,2014;Lang et al.,2014b,2012;林卉 等,2012;Li et al.,2008;Richard et al.,2004)等。

区域生长算法计算简单,对于较均匀的连通目标有较好的分割效果。因此若极化 SAR 影像中有大量匀质区域,该类方法可取得较好的分割效果。但是该类算法同样对噪声敏感,一般都需要进行分割后处理,将噪声区域合并到附近区域。

3. 基于边缘的分割方法

边缘是指图像中信号发生奇异变化的地方,反映图像局部特征的不连续性,是连续像素点的集合。奇异信号沿垂直于边缘走向的灰度变化剧烈,通常边缘可分为阶跃状和屋顶状两种类型(徐建华,1992)。梯度算子可用于检测边缘,传统的梯度算子主要有 Prewitt 算子、Canny 算子(Canny,1986,1983)、Laplacian 算子、Robert 算子和 Sobel 算子等,但这些算子易受噪声干扰而不适用于 SAR 图像分割,并且边缘定位不精确,大多数情况下需要结合滤波器使用。为减少噪声干扰,基于小波变换的边缘检测越来越受到人们的重视,常用的小波算子有 Mallat 算子(Mallat et al.,1992)和 Harr 算子等。此外,Frery 等(2012)结合 B

样条可变形轮廓和局部参数评估进行区域边缘检测,实验表明该方法对细节保持较好并降低了运算代价,但鲁棒性还有待提高;安成锦等(2011)引入 Radon 变换对指数加权均值比(ratio oscillaters exponent weight average,ROEWA)算子进行了改进,分割结果具有较好的边缘方向检测性,能更好地适用于 SAR 图像分割。

4. 基于特定理论的分割方法

包括水平集(level-set)方法、基于马尔科夫随机场(Markov random field,MRF)的分割方法、基于图论的分割方法(spectral clustering)等。

基于图论的分割方法因充分利用了图像的整体和局部特性,具有较强的灵活性、较好的分割特性,因而成为图像分割领域新的研究热点。Xu 等(2007)发明了主动轮廓方法来做图像分割。赵磊等(2015)结合均值漂移和谱图分割处理 Radarsat-2 全极化数据,证明了其方法的有效性和稳健性。Ersahin 等(2010,2007)采用快速近似解降低了谱图分割的运算复杂度,并进一步提出了一种面向对象的极化 SAR 图像分割分类方法,该方法可融合轮廓和空间信息,但最优阈值的选择有待深入研究。

MRF 方法(Zhang et al.,2013;Yu et al.,2012)根据最优准则确定目标函数。该方法目标分割准确,边缘定位清晰,有很大的发展前景。Dong 等(2001)采用基于高斯模型的 MRF(Gauss MRF,GMRF)分别对美国 NASA/JPL C 波段 AIRSAR 单极化和多极化图像进行分割分类,实验结果表明此方法对单极化图像效果一般,而对多极化图像效果较好。Wu 等(2008)提出了一种基于区域的 WMRF(Wishart MRF)分割算法,先利用条件迭代模型(iteration condition model,ICM)对图像进行过分割,再作 Wishart ML 分类,实验表明该算法能有效抑制相干斑干扰,获得较好的分割结果。

水平集是由 Osher 等(1988)提出的一种基于曲线演化理论(Kimia et al.,1995)和零水平集思想的几何活动轮廓模型,能够追踪拓扑结构的变化,解决参数活动轮廓模型难以解决的问题。其主要思想是将 n 维移动变形曲线隐式表达为 $n+1$ 维的水平集函数,由封闭超曲面的演化方程得到函数的演化方程,求得移动变形曲线的演化结果。传统的水平集方法一般在偏微分方程中采用拉格朗日公式(Malladi et al.,1995;Caselles et al.,1993),但需要对水平集函数作周期性的重新初始化,从而增加了运算代价,降低了运算效率,且具有边缘效应。变分水平集方法(Zou et al.,2015;邹鹏飞 等,2014;Yin et al.,2014;Ismail et al.,2006;Li et al.,2005;Vemuri et al.,2003;Chan et al.,2001)则能够更便捷高效地整合图像的附加信息。Ismail 等(2006)在曲线演化中嵌入分区约束,结合最大似然渐进提出了一种高效的多相位水平集方法,在分割效率和鲁棒性方面取得了较好的效果。Yin 等(2014)针对多波段极化 SAR 图像分割提出了一种改进的自适应多相位水平集方法,其结果既包含了极化统计信息又包含了图像的边缘信息,而且能够较好地辨别低反差区域的目标,同时具有高效性。邹鹏飞等(2014)用 KummerU 分布代替传统的 Wishart 分布,以使分割结果更准确,同时在水平集方法中加入了距离限制项来避免水平集函数重新初始化,减少了迭代次数,提高了分割效率。

　　综上,由于现有的典型极化 SAR 影像分割算法较少,并且在对点、线等细节信息保持,以及分割效率和抗噪性等方面都不甚理想,因此本书需要首先研究极化 SAR 影像分割算法,主要以近几年较流行的超像素分割为主。超像素分割是2003 年在计算机视觉领域提出的一个概念(Ren et al.,2003),超像素即由一系列位置相邻且颜色、亮度、纹理等特征相似的像素点组成的小区域。它保留了进一步进行图像分割的关键信息包括边界要素。在分类方面,现有的分类方法各有其优缺点,在分类精度和适用性上仍达不到实用要求,而多分类器集成算法通过将分类精度不高的弱分类器进行集成,可大大提高分类精度和适用性。此外,由于基于像素的分类方法处理量大,并且对相干斑噪声敏感,即使进行滤波处理,分类精度仍受到一定限制,因此本书将利用面向对象的思想,结合超像素分割和监督分类器,通过研究新的超像素分割算法和多分类器集成算法实现极化 SAR 影像的精确、快速分类。

1.4　本书内容和组织结构

1.4.1　主要内容

　　本书研究的主要内容为极化 SAR 影像超像素分割及面向对象分类。在超像素分割方面,本书将针对光学图像的简单线性迭代聚类算法引入极化影像处理领域,提出 PolSLIC 超像素分割算法;在面向对象分类方面,本书将受限玻尔兹曼机(RBM)和自适应提升(adaptive boosting,AdaBoost)框架结合,提出RBM-AdaBoost 分类算法

1. PolSAR 影像分割研究

将计算机视觉领域较热门的 SLIC 算法引入极化 SAR 领域,在超像素之间

的距离度量、聚类中心初始化和对细碎分割结果的后处理等方面开展创新性研究,提出一种新的极化 SAR 超像素分割算法 PolSLIC。并选取美国国家航空航天局喷气推进实验室获取的 AirSAR L 波段全极化 SAR 数据和德国宇航中心获取的 ESAR L 波段全极化 SAR 数据作为实验数据,采用本书提出的 PolSLIC 超像素分割算法和其他经典算法如 Ncut、GBMS 及原始 SLIC 算法进行分割试验,在图像分割处理效率和分割成果准确性等方面进行评价。

2. PolSAR 影像分类研究

将受限玻尔兹曼机(RBM)和自适应提升(AdaBoost)框架结合,一方面利用面向对象的思想克服极化 SAR 影像中相干斑噪声的影响并加快处理速度,另一方面利用基于深度学习模块的多分类器集成框架克服极化 SAR 影像中地物目标散射机理复杂、单一分类器难以实现高精度分类的问题,建立 RBM-AdaBoost 算法,避免对大体量数据的需求,更适合于面向对象的处理方法。通过美国国家航空航天局喷气推进实验室获取的 AirSAR L 波段全极化 SAR 数据进行实验,在分类精度方面与堆叠 RBM 模型和其他常用的极化 SAR 分类方法如最小距离分类器(minimum distance,MD)、NN 分类器、Wishart 分类器、RF 分类器和 RBM-Bagging 分类器等进行评价。

1.4.2 组织结构

第 1 章是绪论。介绍极化 SAR 影像超像素分割和面向对象分类研究的背景和意义,分析极化 SAR 影像超像素分割和面向对象分类研究的国内外研究进展及存在的问题,最后提出极化 SAR 影像超像素分割和面向对象分类研究的主要内容和结构框架。

第 2 章是极化 SAR 基本理论。涵盖极化电磁波的极化椭圆、Jones 矢量和 Stokes 矢量,极化 SAR 数据的散射矩阵、协方差阵、相干阵、Mueller 和 Stokes 阵,极化合成理论,单极化低分辨率 SAR 数据的 Rayleigh Distribution 特性和高分辨率 SAR 数据的 K 分布特性、全极化 SAR 数据的高斯和非高斯模型,极化目标基本散射机制、Pauli、Cloude-Pottier 和 Freeman-Durden 分解。

第 3 章是极化 SAR 影像超像素分割。是本书的主要研究内容之一。首先介绍两种现有典型的超像素分割算法,之后将 SLIC 算法引入极化 SAR 领域,提出可直接用于极化 SAR 影像的 PolSLIC 超像素分割算法,最后通过实验对比分析几种分割方法的分割结果,验证本书提出的分割算法的有效性。

第 4 章是面向对象的极化 SAR 影像分类。是本书的另一主要研究内容。首先介绍两种目前常用的极化 SAR 分类器,接着阐述集成学习基本思想,最后将受限波尔兹曼机(RBM)用于自适应提升(AdaBoost)框架,提出 RBM-AdaBoost 分类算法,结合第 3 章提出的超像素分割算法,用于面向对象的极化 SAR 影像分类,并利用开源试验数据对算法进行评价。

第 2 章　极化 SAR 基本理论

　　虽然极化 SAR 影像处理与光学图像处理有一定的相通之处,许多极化 SAR 影像处理方法来源于模式识别、机器学习等针对光学图像处理的领域,但是极化 SAR 影像与光学图像有很大的不同,从影像获取、存储,到基础处理、高级解译,各个阶段均有不同的理论支撑。因此,想要在极化 SAR 数据处理解译方面进行深入研究,首先要深入学习和理解极化 SAR 的基本理论。本章将从电磁波的极化、极化 SAR 数据的矩阵描述、极化合成理论、极化 SAR 数据的统计特性、以及极化目标分解理论等与本书研究内容相关的方面对极化 SAR 的基本理论进行阐述,以便于后续内容的论述。

2.1　极化电磁波的表征

　　SAR 系统是一种主动式成像系统,即接收的电磁波信号是由其自身发射后经地物散射再返回的信号。然而,SAR 系统发射和接收的电磁波并不是随机的,而是一种横电磁波。它的其中一个特性就是极化。在时谐场中,电场和磁场的每一个分量均随时间做正弦变化,极化(polarization)可以描述为一个场矢量(电场、应变、自旋)在空间某固定点上随时间变化的轨迹(庄钊文,1999)。在用电磁辐射的波形、相位、幅度和多普勒频率等信息表征目标电磁特性之后,极化是亟待发掘和运用的又一重要表征信息。极化雷达正是通过发射和接收水平和垂直两种正交的极化电磁波,来获取目标完整的极化散射特性,再结合遥感原理和极化理论进行极化雷达影像解译。

2.1.1　极化椭圆

在分析电磁波的极化特性时通常考虑的是频率和幅度都恒定的单色平面波。在笛卡儿坐标系 $o\text{-}xyz$ 中,不失一般性,令单色平面波沿坐标系中的 z 轴方向传播(方向矢量表示为 $\hat{z}$),则电场矢量 $\boldsymbol{E}(\boldsymbol{r},t)$($\boldsymbol{r}$ 为矢径,t 为时间)位于垂直于 z 轴的 oxy 平面中,并且可唯一分解为沿 x 方向 $\hat{x}$ 和 y 方向 $\hat{y}$ 的两个分量 $\boldsymbol{E}_x(t)$ 和 $\boldsymbol{E}_y(t)$($\hat{x}\hat{y}\hat{z}$ 构成一个右手螺旋系):

$$\boldsymbol{E}(\boldsymbol{r},t)=\boldsymbol{E}_x(t)\hat{x}+\boldsymbol{E}_y(t)\hat{y} \tag{2.1}$$

其中

$$\boldsymbol{E}_x(t)=|E_x|\cos(\omega t-kz+\phi_x) \tag{2.2}$$

$$\boldsymbol{E}_y(t)=|E_y|\cos(\omega t-kz+\phi_y) \tag{2.3}$$

式中:ω 为角频率;k 为传播常数(或波数);$|E_x|$ 和 $|E_x|$ 分别为 $\boldsymbol{E}_x(t)$ 和 $\boldsymbol{E}_y(t)$ 的幅度;ϕ_x 和 ϕ_y 为对应的相位。展开余弦项并消去 $\omega t-kz$,可以得到一个椭圆参数方程

$$\left[\frac{\boldsymbol{E}_x(t)}{|E_x|}\right]^2-2\frac{\boldsymbol{E}_x(t)\boldsymbol{E}_y(t)}{|E_x||E_y|}\cos\phi+\left[\frac{\boldsymbol{E}_y(t)}{|E_y|}\right]^2=\sin^2\phi \tag{2.4}$$

式中:$\phi=\phi_y-\phi_x$ 为相位差,$-\pi<\phi\leqslant\pi$。式(2.4)表明单色平面电磁波的电场矢量在垂直于传播方向的平面内的运动轨迹是一个具有旋转方向性的椭圆,该椭圆被称为极化椭圆。极化椭圆所反映出的性质就是电磁波的极化特性,因此,可根据极化椭圆来描述和分析极化电磁波。

图 2.1 是根据式(2.4)绘制出的极化椭圆示意图。从图中可以看出,对于极化椭圆,用以下三个几何参数即可完全描述。

(1)椭圆率角。

$$\sin 2\chi=\frac{2|E_x||E_y|}{|E_x|^2+|E_y|^2}\sin(\phi_y-\phi_x)$$

其中:$\chi\in[-\pi/4,\pi/4]$。椭圆率角描述了极化椭圆的形状和旋向:当 $\chi=0$ 时表示电磁波为线极化;当 $\chi=\pm\pi/4$ 时电磁波为圆极化;当 $-\pi/4\leqslant\chi<0$ 时电磁波

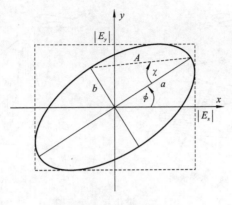

图 2.1　极化椭圆

为左旋极化;当 $0<\chi\leqslant\pi/4$ 时电磁波为右旋极化。

(2) 椭圆倾角(又称为极化方位角)。

$$\tan 2\phi=\frac{2|E_x||E_y|}{|E_x|^2-|E_y|^2}\cos(\phi_y-\phi_x)$$

其中:$\phi\in[-\pi/2,\pi/2]$。椭圆倾角描述了极化椭圆的姿态。

(3) 椭圆尺寸。

$$A=\sqrt{|E_x|^2+|E_y|^2}=\sqrt{a^2+b^2}$$

其中:a 和 b 分别是椭圆的长、短半轴。椭圆尺寸描述了极化椭圆的大小。

国际上对极化椭圆的旋转方向存在两种不同的规定。根据电气和电工工程师协会(IEEE)的规定,当电场矢量旋向与传播方向满足右手螺旋定则时,称该极化椭圆为右旋极化;当两者满足左手螺旋定则时,则将其称为左旋极化。极化椭圆的方向性可用椭圆率角 χ 的符号来表示:当 $\chi>0$ 时,椭圆是右旋极化;当 $\chi<0$ 时,椭圆是左旋极化。

极化状态是描述、分析和处理极化信息的基础,常用的两种极化状态为线极化和圆极化。其中,线极化又包括水平极化和垂直极化;圆极化又包括左旋圆极化和右旋圆极化。极化 SAR 系统中广泛采用的两种线极化状态是水平极化和垂直极化。如图 2.2 所示,在实际应用中,通常以 H 表示水平极化态,其方向平行于地表;以 V 表示垂直极化态,其方向垂直于地表。

2.1.2　Jones 矢量

虽然极化椭圆可用来描述平面电磁波,但这种描述更多是从几何角度,不利

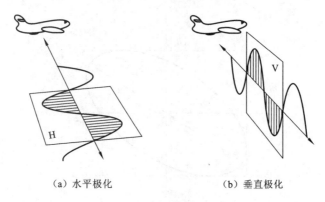

（a）水平极化　　　　　　　　　（b）垂直极化

图 2.2　极化状态示意图

于进行数学分析,因此需要引入另外一种描述方式——Jones 矢量。Jones 矢量 $\boldsymbol{E}$ 可由复电场矢量 $\boldsymbol{E}_x(t)$ 和 $\boldsymbol{E}_y(t)$ 定义。

$$\boldsymbol{E}=E_x e_x+E_y e_y=\begin{bmatrix} E_x \\ E_y \end{bmatrix}=\begin{bmatrix} |E_x|\,\mathrm{e}^{\mathrm{i}\phi_x} \\ |E_y|\,\mathrm{e}^{\mathrm{i}\phi_y} \end{bmatrix}=A\begin{bmatrix} \cos\alpha \\ \sin\alpha\cdot\mathrm{e}^{\mathrm{i}\delta} \end{bmatrix} \tag{2.5}$$

式中:$e_x=\begin{bmatrix}1 & 0\end{bmatrix}^{\mathrm{T}}$ 和 $e_y=\begin{bmatrix}0 & 1\end{bmatrix}^{\mathrm{T}}$ 为 x 和 y 方向的归一化 Jones 矢量,它们共同组成一组标准正交极化基。从式(2.5)可看出,Jones 矢量是复数形式,它的值受多种因素影响,包括目标自身的材料、形状、尺寸、结构等因素,电磁波的波长和频率,以及目标和雷达系统之间的相对姿态取向、空间几何位置等。

结合椭圆参数 (A,χ,ϕ),Jones 矢量 $\boldsymbol{E}$ 可表示为

$$\boldsymbol{E}=A\mathrm{e}^{\mathrm{i}\zeta}\begin{bmatrix} \cos\phi & -\sin\phi \\ \sin\phi & \cos\phi \end{bmatrix}\begin{bmatrix} \cos\chi \\ \mathrm{i}\sin\chi \end{bmatrix} \tag{2.6}$$

式中:ζ 为绝对相位,与目标距离及系统给定的参考相位有关。

2.1.3　Stokes 矢量

Jones 矢量是由两个复数分量组成的,复数分量只能由相参雷达系统获取,并且只能描述完全极化波;在早期,只有非相参雷达系统,因此无法得到复数数据,而只能得到功率(能量)值,因此,就需要有一个只需要能量分量(即实数)即可描述极化状态的参数,这个参数就是 Stokes 矢量(Lee et al.,2009)。与 Jones 矢量不同,Stokes 矢量既可以描述完全极化波,也可以描述部分极化波。对于完全极化波,其电场的 Jones 矢量记为 $\boldsymbol{E}$,则 Stokes 矢量定义为

$$J = \begin{bmatrix} g_0 \\ g_1 \\ g_2 \\ g_3 \end{bmatrix} = \begin{bmatrix} E_x E_x^* + E_y E_y^* \\ E_x E_x^* - E_y E_y^* \\ E_x E_y^* + E_y E_x^* \\ j(E_x E_y^* - E_y E_x^*) \end{bmatrix} = \begin{bmatrix} |E_x|^2 + |E_y|^2 \\ |E_x|^2 - |E_y|^2 \\ 2\mathrm{Re}(E_x E_y^*) \\ -2\mathrm{Im}(E_x E_y^*) \end{bmatrix} \tag{2.7}$$

式中:参数$\{g_0, g_1, g_2, g_3\}$称为 Stokes 参数。

由式(2.7)可以看出,4 个 Stokes 参数并非相互独立,其关系为

$$g_0^2 = g_1^2 + g_2^2 + g_3^2 \tag{2.8}$$

对于部分极化波,其幅度和相位需要用统计平均的方式来估计,其 Stokes 参数同样需要用统计平均的方式表示为

$$J = \begin{bmatrix} g_0 \\ g_1 \\ g_2 \\ g_3 \end{bmatrix} = \begin{bmatrix} \langle |E_x|^2 \rangle + \langle |E_y|^2 \rangle \\ \langle |E_x|^2 \rangle - \langle |E_y|^2 \rangle \\ \langle 2|E_x||E_y|\cos\delta \rangle \\ \langle -2|E_x||E_y|\sin\delta \rangle \end{bmatrix} \tag{2.9}$$

根据式(2.9)可推导出 4 个 Stokes 参数之间的关系如下

$$g_0^2 \geqslant g_1^2 + g_2^2 + g_3^2 \tag{2.10}$$

式(2.10)取等号时表示完全极化波,否则为部分极化波。

极化椭圆 Jones 矢量以及 Stokes 矢量都是用来描述极化电磁波的,因此它们之间有一定的相关性,其关系如下:

$$J = A^2 \begin{bmatrix} 1 \\ \cos2\chi\cos2\phi \\ \cos2\chi\sin2\phi \\ \sin2\chi \end{bmatrix} = A^2 \begin{bmatrix} 1 \\ \cos2\alpha \\ \sin2\alpha\cos\delta \\ \sin2\alpha\sin\delta \end{bmatrix} \tag{2.11}$$

2.2　极化 SAR 数据的矩阵描述

2.2.1　极化散射矩阵

单极化 SAR 所测量的仅仅是某种收发极化组合下的地物散射回波信息,而全极化 SAR 是对 4 种收发组合都进行测量,从而得到 4 个通道的 SAR 数据。将这 4 个通道的数据按一定规则进行组合,便得到了极化散射矩阵。极化散射矩阵通常也被称为 Sinclair 矩阵,是目标变极化效应的一种定量描述方法。它

完整记录了目标散射回波的强度信息、相位信息和极化信息,很好地反映了地物目标的电磁散射特征。

　　由于雷达系统分单基和双基两种,在对雷达数据进行描述时,根据所选择的局部坐标的旋转系的不同,一般有两种不同的坐标系约定。一种是前向散射坐标系(forward scatter alignment,FSA),它沿着单色平面波的传播方向的右手准则定义,常用于前向系统或双基系统;另一种是后向散射坐标系(backward scatter alignment,BSA),它基于雷达信号的极化方向定义,它常用于单基系统(Lee et al.,2009)。由于在单基系统中,发送和接收天线的后向散射坐标系完全相同,可以为极化分析提供巨大的便利,在实际应用中通常使用 BSA 约定。在 BSA 中,假设入射波(incident wave)的 Jones 矢量和散射回波(scattered wave)的 Jones 矢量分别为 E_i 和 E_s:

$$E_i = \begin{bmatrix} E_{iH} \\ E_{iV} \end{bmatrix}, \quad E_s = \begin{bmatrix} E_{sH} \\ E_{sV} \end{bmatrix} \tag{2.12}$$

则可以用一个 2×2 的矩阵表达它们之间的联系:

$$E_s = G(r)SE_i = G(r) \begin{bmatrix} S_{HH} & S_{HV} \\ S_{VH} & S_{VV} \end{bmatrix} E_i \tag{2.13}$$

式中:$G(r)$ 为球面波传播因子;矩阵 S 被称为极化散射矩阵;散射矩阵元素 S_{xy}($x = H, V; y = H, V$)表示以极化方式 x 发射、以极化方式 y 进行接收时目标的复后向散射系数。单基雷达采用后向散射坐标系,此时发射天线和接收天线可以互换,根据互易定理,有 $S_{HV} = S_{VH}$,此时目标的散射矩阵 S 变为对称阵。

2.2.2　协方差矩阵与相干矩阵

　　由于极化散射矩阵 S 仅仅能描述确定性目标,而自然场景中的地物一般都是分布式目标,不能用散射矩阵来描述。此外,由于 SAR 系统特有的相干成像机制,相干斑噪声无处不在,对 S 矩阵各分量干扰较强。因此,多视处理被广泛用于对观测信息的噪声抑制。为此,需要对散射矩阵矢量化,然后用散射矢量的二阶统计量来分析目标的散射特性。散射矩阵的矢量化过程可以用下式表示:

$$S = \begin{bmatrix} S_{HH} & S_{HV} \\ S_{VH} & S_{VV} \end{bmatrix} \Rightarrow k = V(S) = \frac{1}{2} Tr(S\Psi) \tag{2.14}$$

式中:k 表示散射矢量;$V(\cdot)$ 表示矢量化算子;$Tr(\cdot)$ 表示求矩阵的迹;Ψ 是一组由 2×2 的复矩阵组成的完备正交基。

　　常用的正交矩阵基主要有两种,一种为 Lexicographic 矩阵基(Lexicographic

matrix basis），另一种为 Pauli spin 矩阵基，简称 Pauli 基。

Lexicographic 基的形式为

$$\boldsymbol{\Psi}_{\mathrm{L}} = \left\{ 2 \begin{bmatrix} 1 & 0 \\ 0 & 0 \end{bmatrix} \quad 2 \begin{bmatrix} 0 & 1 \\ 0 & 0 \end{bmatrix} \quad 2 \begin{bmatrix} 0 & 0 \\ 1 & 0 \end{bmatrix} \quad 2 \begin{bmatrix} 0 & 0 \\ 0 & 1 \end{bmatrix} \right\} \tag{2.15}$$

将式（2.15）带入式（2.14），可得到该基对应的散射矢量为

$$\boldsymbol{k}_{\mathrm{L}} = \begin{bmatrix} S_{\mathrm{HH}} & S_{\mathrm{HV}} & S_{\mathrm{VH}} & S_{\mathrm{VV}} \end{bmatrix}^{\mathrm{T}} \tag{2.16}$$

式中：上标 T 表示转置。在互易条件下，有 $S_{\mathrm{HV}} = S_{\mathrm{VH}}$。此时，散射矢量简化为

$$\boldsymbol{k}_{\mathrm{L}} = \begin{bmatrix} S_{\mathrm{HH}} & \sqrt{2} S_{\mathrm{HV}} & S_{\mathrm{VV}} \end{bmatrix}^{\mathrm{T}} \tag{2.17}$$

散射矢量 $\boldsymbol{k}_{\mathrm{L}}$ 的优势在于，它的各元素直接与散射矩阵 $\boldsymbol{S}$ 中各元素一一对应，因此可直接提供 SAR 系统测量结果。

Pauli 基的形式为

$$\boldsymbol{\Psi}_{\mathrm{P}} = \left\{ \sqrt{2} \begin{bmatrix} 1 & 0 \\ 0 & 1 \end{bmatrix} \quad \sqrt{2} \begin{bmatrix} 1 & 0 \\ 0 & -1 \end{bmatrix} \quad \sqrt{2} \begin{bmatrix} 0 & 1 \\ 1 & 0 \end{bmatrix} \quad \sqrt{2} \begin{bmatrix} 0 & -j \\ j & 0 \end{bmatrix} \right\} \tag{2.18}$$

将式（2.18）带入式（2.14），可得到该基对应的散射矢量为

$$\boldsymbol{k}_{\mathrm{P}} = \frac{1}{\sqrt{2}} \begin{bmatrix} S_{\mathrm{HH}} + S_{\mathrm{VV}} & S_{\mathrm{HH}} - S_{\mathrm{VV}} & S_{\mathrm{HV}} + S_{\mathrm{VH}} & i(S_{\mathrm{HV}} - S_{\mathrm{VH}}) \end{bmatrix}^{\mathrm{T}} \tag{2.19}$$

在互易条件下，上式简化为

$$\boldsymbol{k}_{\mathrm{P}} = \frac{1}{\sqrt{2}} \begin{bmatrix} S_{\mathrm{HH}} + S_{\mathrm{VV}} & S_{\mathrm{HH}} - S_{\mathrm{VV}} & 2 S_{\mathrm{HV}} \end{bmatrix}^{\mathrm{T}} \tag{2.20}$$

从式（2.19）和式（2.20）可看出，Pauli 基矢量中各元素是散射矩阵 $\boldsymbol{S}$ 中各元素的组合，这种组合有特定的物理意义。互易情况下的 $\boldsymbol{k}_{\mathrm{P}}$ 中各元素分别对应表面散射、二面角散射和体散射。由于 Pauli 基矢量物理意义明确，便于分析地物目标的散射机理，在实际应用中比 Lexicographic 基矢量更受欢迎。

分别计算散射矢量 $\boldsymbol{k}_{\mathrm{L}}$ 和 $\boldsymbol{k}_{\mathrm{P}}$ 的二阶矩（second order moments），即可得到两种用于描述和分析分布式目标的二阶统计量：

$$\boldsymbol{C} = \boldsymbol{k}_{\mathrm{L}} \cdot \boldsymbol{k}_{\mathrm{L}}^{*\mathrm{T}} \tag{2.21}$$

$$\boldsymbol{T} = \boldsymbol{k}_{\mathrm{P}} \cdot \boldsymbol{k}_{\mathrm{P}}^{*\mathrm{T}} \tag{2.22}$$

式中：上标 ∗ 表示复数共轭。两个二阶统计量中，$\boldsymbol{C}$ 被称为极化协方差矩阵，$\boldsymbol{T}$ 被称为极化相干矩阵。非互易情况下，$\boldsymbol{C}$ 和 $\boldsymbol{T}$ 均是 4×4 的矩阵，由于通常情况下极化 SAR 系统满足互易定理，$\boldsymbol{C}$ 和 $\boldsymbol{T}$ 可简化为 3×3 的矩阵。其中，3×3 协方差矩阵可表示为

$$C_3 = \begin{bmatrix} \langle |S_{HH}| \rangle^2 & \sqrt{2}\langle S_{HH}S_{HV}^* \rangle & \langle S_{HH}S_{VV}^* \rangle \\ \sqrt{2}\langle S_{HV}S_{HH}^* \rangle & 2\langle |S_{HV}|^2 \rangle & \sqrt{2}\langle S_{HV}S_{VV}^* \rangle \\ \langle S_{VV}S_{HH}^* \rangle & \sqrt{2}\langle S_{VV}S_{HV}^* \rangle & \langle |S_{VV}|^2 \rangle \end{bmatrix} \tag{2.23}$$

式中:⟨·⟩表示统计平均。3×3 的相干矩阵可表示为

$$T_3 = \frac{1}{2}\begin{bmatrix} \langle |S_{HH}+S_{VV}|^2 \rangle & \langle (S_{HH}+S_{VV})(S_{HH}-S_{VV})^* \rangle & 2\langle (S_{HH}+S_{VV})S_{HV}^* \rangle \\ \langle (S_{HH}-S_{VV})(S_{HH}+S_{VV}^*) \rangle & \langle |S_{HH}-S_{VV}|^2 \rangle & 2\langle (S_{HH}-S_{VV})S_{HV}^* \rangle \\ 2\langle S_{HV}(S_{HH}+S_{VV})^* \rangle & 2\langle S_{HV}(S_{HH}-S_{VV})^* \rangle & 4\langle |S_{HV}|^2 \rangle \end{bmatrix}$$
$$\tag{2.24}$$

由上述推导过程可知,协方差矩阵 C_3 和相干矩阵 T_3 是线性相关的,可以互相转换,其转换公式为

$$C_3 = U_3^{*T} T_3 U_3 = U_3^{-1} T_3 U_3 \tag{2.25}$$

$$T_3 = U_3 C_3 U_3^{*T} = U_3 C_3 U_3^{-1} \tag{2.26}$$

式中:U_3 为单位转换矩阵,该矩阵满足:$|U_3|=1$,$U_3^{-1}=U_3^{*T}$,其具体形式为

$$U_3 = \frac{1}{\sqrt{2}}\begin{bmatrix} 1 & 0 & 1 \\ 1 & 0 & -1 \\ 0 & \sqrt{2} & 0 \end{bmatrix} \tag{2.27}$$

2.2.3　Mueller 矩阵

对于完全极化波,其入射波和散射波可由 Jones 矢量描述,地物的散射特性可由散射矩阵 S 描述。但对于部分极化波,其入射波和散射波只能由 Stokes 矢量描述,因此地物的散射特性无法再用散射矩阵 S 进行描述,对此,需引入一种新的矩阵——Mueller 矩阵进行描述(Guissard,1994)。

假设目标的入射波用 Jones 矢量表示为 E_i,其散射回波表示 E_s,则根据散射矩阵 S 的定义,有

$$E_s = SE_i \tag{2.28}$$

定义电磁波的相干矢量为

$$C = E \otimes E^* = [E_1 E_1^* \quad E_1 E_2^* \quad E_2 E_1^* \quad E_2 E_2^*]^T \tag{2.29}$$

式中:⊗表示 Kronecker 直积。

结合式(2.29)和式(2.28),可推导出目标入射波和散射回波的相干矢量 C_t 和 C_s 之间有如下关系:

$$C_s = E_s \otimes E_s^* = (SE_i) \otimes (SE_i)^* = (S \otimes S^*)(E_i \otimes E_i^*) = WC_i \tag{2.30}$$

式中：W 为一中间矩阵，其形式为

$$W = S \otimes S^* = \begin{bmatrix} S_{HH}S_{HH}^* & S_{HH}S_{HV}^* & S_{HV}S_{HH}^* & S_{HV}S_{HV}^* \\ S_{HH}S_{HV}^* & S_{HH}S_{VV}^* & S_{HV}S_{HV}^* & S_{HV}S_{VV}^* \\ S_{HV}S_{HH}^* & S_{HV}S_{HV}^* & S_{VV}S_{HH}^* & S_{VV}S_{HV}^* \\ S_{HV}S_{HV}^* & S_{HV}S_{VV}^* & S_{VV}S_{HV}^* & S_{VV}S_{VV}^* \end{bmatrix} \tag{2.31}$$

通过其定义，可推出 Stokes 矢量 J 和相干矢量 C 之间有如下关系：

$$J = RC = \begin{bmatrix} 1 & 0 & 0 & 1 \\ 1 & 0 & 0 & -1 \\ 0 & 1 & 1 & 0 \\ 0 & i & -i & 0 \end{bmatrix} C \tag{2.32}$$

结合式（2.30）和式（2.32），可得到目标入射波的 Stokes 矢量和散射回波的 Stokes 矢量之间有如下关系：

$$J_s = RC_s = RWC_i = RWR^{-1}J_i \tag{2.33}$$

令

$$M = RWR^{-1} \tag{2.34}$$

则式（2.33）可简化为

$$J_s = MJ_i \tag{2.35}$$

式（2.35）中的矩阵 M 被称为 Mueller 矩阵。从式（2.35）中可看出，Mueller 矩阵反映了入射波和散射波的 Stokes 矢量 J_i 和 J_s 之间的关系。在分析中，常将 Mueller 矩阵用 Huynen 9 参数来表示：

$$M = \begin{bmatrix} A_0 + B_0 & C & H & F \\ C & A_0 + B & E & G \\ H & E & A_0 - B & D \\ F & G & D & A_0 - B_0 \end{bmatrix} \tag{2.36}$$

式中：A_0、B_0、B、C、D、E、F、G、H 即为 Huynen 9 参数（Yao，1973；Huynen，1970）。由于这些参数均由散射矩阵 S 得到，它们之间是相关的，只有 5 个参数相互独立。

2.2.4　Stokes 矩阵

在后向散射坐标系下，雷达天线的接收功率可由接收电磁波和目标散射电磁波的 Jones 矢量 E_r 和 E_s 求得

$$P = k(\lambda, \eta, \theta, \phi) \left| \boldsymbol{E}_r \cdot \boldsymbol{E}_s \right|^2 \tag{2.37}$$

式中: $k(\lambda, \eta, \theta, \phi) = f(\lambda, \eta) \cdot g(\theta, \phi)$ 是与波阻抗和天线增益有关的常数,为了表示方便,后面将仅用 k 表示。

将式(2.37)用 Kronecker 直积展开,可得

$$P = k \left| \boldsymbol{E}_r^{\mathrm{T}} \boldsymbol{E}_s \right|^2 = k(\boldsymbol{E}_r^{\mathrm{T}} \boldsymbol{E}_s)(\boldsymbol{E}_r^{\mathrm{T}} \boldsymbol{E}_s)^* = k(\boldsymbol{E}_r^{\mathrm{T}} \otimes \boldsymbol{E}_r^{*\mathrm{T}})(\boldsymbol{E}_s \otimes \boldsymbol{E}_s^*) \tag{2.38}$$

根据式(2.29)相干矢量 $\boldsymbol{C}$ 的定义、式(2.32)Stokes 矢量 $\boldsymbol{J}$ 与相干矢量 $\boldsymbol{C}$ 之间的关系以及式(2.35)入射波和散射波的 Stokes 矢量 $\boldsymbol{J}_i$ 和 $\boldsymbol{J}_s$ 之间的关系,可将上式进一步进行数学变换:

$$\begin{aligned} P &= k\boldsymbol{C}_r^{\mathrm{T}} \boldsymbol{C}_s = k \ (\boldsymbol{R}^{-1} \boldsymbol{J}_r)^{\mathrm{T}} (\boldsymbol{R}^{-1} \boldsymbol{J}_s) = k\boldsymbol{J}_r^{\mathrm{T}} (\boldsymbol{R}\boldsymbol{R}^{\mathrm{T}})^{-1} \boldsymbol{J}_s \\ &= \frac{1}{2} k\boldsymbol{J}_r^{\mathrm{T}} \boldsymbol{U}_4 \boldsymbol{J}_s = \frac{1}{2} k\boldsymbol{J}_r^{\mathrm{T}} \boldsymbol{U}_4 \boldsymbol{M} \boldsymbol{J}_i \end{aligned} \tag{2.39}$$

式中: $\boldsymbol{U}_4$ 为单位变换矩阵,其定义为

$$\boldsymbol{U}_4 = \begin{bmatrix} 1 & & & \\ & 1 & & \\ & & 1 & \\ & & & -1 \end{bmatrix} \tag{2.40}$$

定义目标的 Stokes 矩阵为

$$\boldsymbol{K} = \boldsymbol{U}_4 \boldsymbol{M} \tag{2.41}$$

则接收功率 P 可进一步表示为

$$P = \frac{1}{2} k\boldsymbol{J}_r^{\mathrm{T}} \boldsymbol{U}_4 \boldsymbol{M} \boldsymbol{J}_i = \frac{1}{2} k\boldsymbol{J}_r^{\mathrm{T}} \boldsymbol{K} \boldsymbol{J}_i \tag{2.42}$$

根据式(2.42)可知,目标的回波功率与目标的极化散射特性和收发信号的极化状态有关。对于同一雷达目标,其散射特性是不变的,因此 $\boldsymbol{K}$ 矩阵也不会改变,此时若改变收发信号的极化状态,则目标的回波功率也会相应改变。

Stokes 矩阵又被称为 Kennaugh 矩阵(Guissard,1994)。从式(2.41)中可以看出,Stokes 矩阵与 Mueller 矩阵可以相互转换,并且在形式上很相似,只有对角线上最后一个元素符号相反。但两者所表达的侧重点不同:Stokes 矩阵表达的是接收功率与收发天线极化状态之间的关系,而 Mueller 矩阵表达的是入射波与散射波 Stokes 矢量之间的关系。

2.3　极化合成

在测得目标的四个通道的极化散射数据之后,任意发射、接收天线组合下的

目标后向散射功率都可以计算出来,这种技术称为极化合成(Poelman et al.,1985)。利用极化合成技术,任意收发极化组合下极化 SAR 系统的接收功率都可以根据测得的极化 SAR 数据计算出来,而无需进行再次观测。这大大方便了对目标极化散射特性的分析,极大地发挥极化 SAR 系统所具有的巨大优势。

2.2 节中在介绍 Stokes 矩阵时已经推知雷达天线的接收功率与目标的极化散射特性和收发信号的极化状态有关,这三者之间的关系可表示为式(2.42)。下面将从此公式出发进一步推导出极化合成公式。

根据式(2.11)Stokes 矢量和极化椭圆之间的关系,将式(2.42)中天线发射和接收电磁波的 Stokes 矢量用极化椭圆的两个几何参数(ϕ,χ)表示,可得

$$P(\phi_r,\chi_r,\phi_i,\chi_i)=k(\lambda,\eta,\theta,\phi)\begin{vmatrix}1\\\cos2\chi_r\cos2\phi_r\\\cos2\chi_r\sin2\phi_r\\\sin2\chi_r\end{vmatrix}^T \boldsymbol{K} \begin{vmatrix}1\\\cos2\chi_i\cos2\phi_i\\\cos2\chi_i\sin2\phi_i\\\sin2\chi_i\end{vmatrix} \tag{2.43}$$

式(2.43)即极化合成公式。由于硬件技术的发展,现在所使用的都是相参雷达,很少使用 Stokes 矩阵 $\boldsymbol{K}$,而更多使用的是散射矩阵 $\boldsymbol{S}$,此时可先根据式(2.31)由散射矩阵 $\boldsymbol{S}$ 得到中间矩阵 $\boldsymbol{W}$,再由式(2.34)计算得到 $\boldsymbol{M}$ 矩阵,进一步根据式(2.41)计算出 $\boldsymbol{K}$ 矩阵。

根据极化合成公式,可以将极化 SAR 系统的接收功率与收发天线极化状态间的关系绘制成目标的极化响应图。极化响应图可直观地反映目标的极化散射特性,因此通过绘制目标的极化响应图可分析其极化散射特性。常用的极化响应图分共极化响应图和交叉极化响应图两种:如果令收发 Stokes 矢量有相同的极化参数,则可得到目标的同极化响应图;如果令收发 Stokes 矢量互相正交,则可以得到交叉极化响应图。在绘制极化响应图时,由于只关心接收功率的相对值,可以省略前面的系数 k。

2.4 极化 SAR 数据的统计特性

相干斑噪声(speckle noise)是相干成像系统共有的一种现象。一般来说,自然界的地物表面都是比较粗糙的,因此当分辨单元的尺寸远大于入射波长时,每个分辨单元内会包含大量独立的散射体,其中的每个独立散射体都会对散射回波的幅度和相位产生影响,如图 2.3(a)所示。从物理学的角度讲,一个分辨

单元的总回波可以看成是各个小散射体回波的相干叠加。对于 SAR 系统,当目标受到相干入射波照射时,不同散射体将会为散射波引入不同的幅度和相位值。经由不同散射体散射的回波会互相干涉,但由于各个分量幅度和相位的随机性,造成合成总回波的幅度和相位都有一定的起伏,反应在图像上,就是一种对比明显的随机分布的颗粒状斑点噪声,如图 2.3(b)所示。假设 SAR 影像单个像素用复数表示为 $x+jy$,则散射回波的相干叠加过程可用数学公式表示如下:

$$\sum_{i=1}^{n}(x_i+jy_i)=\sum_{i=1}^{n}x_i+j\sum_{i=1}^{n}y_i=x+jy \tag{2.44}$$

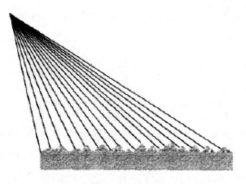

（a）分辨单元内的独立散射体　　　　　（b）真实SAR图像中的相干斑

图 2.3　相干斑噪声示意图

相干斑噪声掩盖了地物目标的真实信息,降低了 SAR 影像的清晰度,阻碍了 SAR 影像的解译和处理。分析发现,SAR 影像中相干斑噪声的影响远比其他噪声大。因此,在进行 SAR 影像解译和处理之前,一般都要进行相干斑噪声抑制。为此,必须要分析 SAR 相干斑的统计特性。

2.4.1　单极化 SAR 数据统计特性

由于 SAR 影像中的相干斑噪声发育情况与影像分辨率有关,单极化 SAR 影像的统计特性在中低分辨率和高分辨率情况下是不同的。中低分辨率下通常用高斯模型来描述,而高分辨率下通常用 K 分布模型来描述。下面分别对单极化 SAR 影像的高斯分布模型和 K 分布模型做简要介绍。

1. 中低分辨率 SAR 影像

SAR 影像中的相干斑是由于 SAR 信号发生干涉相干造成的,相干斑噪声模型通常用乘性模型表示。如果用 I 表示 SAR 系统观测到的后向散射强度,I_0 表示真实的后向散射强度,v 表示相干斑噪声,则该乘性模型可表示为

$$I = I_0 \cdot v \tag{2.45}$$

上述模型中,一般假设相干斑噪声 v 是独立随机的,并且其期望为 $E[v] = 1$,标准差为 σ_v。

早期的 SAR 影像由于硬件技术的原因分辨率处于中低等水平,为了便于分析相干斑噪声,通常假设 SAR 影像中的相干斑噪声为完全发育噪声(fully developed speckle),即假设分辨单元的尺寸远大于雷达波长且地表相对于雷达波长有足够的粗糙度(Lee et al.,2009)。在这种假设下,各散射体反射回波的矢量叠加结果的相位项服从 $(-\pi, \pi)$ 的均匀分布。

对于中低等分辨率的 SAR 影像,其相干斑噪声一般是完全发育的。具有完全发育噪声的影像,其实部 x 和虚部 y 服从均值为 0 的高斯分布,其幅度 $A = \sqrt{x^2 + y^2}$ 和强度 $I = x^2 + y^2 = A^2$ 所服从的分布模型均可根据高斯分布推导出来。为便于对比,现将 SAR 影像不同类型的数据所对应的分布及其概率密度函数(probability density function,PDF)总结为表 2.1。

表 2.1　单视 SAR 影像的分布模型

参数	分布	概率密度函数	均值	方差
实部 x,虚部 y	高斯(正态)	$p_1(x) = \dfrac{1}{\sigma \sqrt{\pi}} \exp\left(-\dfrac{x^2}{\sigma^2}\right)$	0	$\sigma^2/2$
幅度 A	瑞利	$p_1(A) = \dfrac{2A}{\sigma^2} \exp\left(-\dfrac{A^2}{\sigma^2}\right)$	$\dfrac{\sigma \sqrt{\pi}}{2}$	$\dfrac{(4-\pi)\sigma^2}{4}$
强度 I	负指数	$p_1(I) = \dfrac{1}{\sigma^2} \exp\left(-\dfrac{I}{\sigma^2}\right)$	σ^2	σ^4

在多视情况下,对于 SAR 强度影像,假设视数为 N,则有

$$I_N = \frac{1}{N} \sum_{i=1}^{N} I_1(i) = \frac{1}{N} \sum_{i=1}^{N} (x(i)^2 + y(i)^2) \tag{2.46}$$

其 PDF 为

$$p_N(I) = \frac{N^N I^{N-1}}{\sigma^{2N}(N-1)!} \exp\left(-\frac{NI}{\sigma^2}\right), \quad I \geqslant 0 \tag{2.47}$$

其均值和方差分别为:$M_N(I) = \sigma^2$,$\mathrm{Var}_N(I) = \sigma^4/N$。

由于幅度影像的获取方式有两种,对于 N 视幅度图,其分布模型需要分开讨论。第一种方式是直接对单视幅度影像进行 N 视平均,这种情况下,虽然可

通过对瑞利分布做 N 次卷积获得其 PDF,但不能得到封闭形式的解;第二种方式是先对单视强度影像做 N 视平均,再对结果开平方根(Lee et al.,2009),这种情况下,由于前面已经推导出单视情况下强度服从负指数分布,从理论上可知 N 视情况下的强度服从单位均值的 Gamma 分布,从而可以推导出其 PDF 为

$$p_N(A)=\frac{2N^N}{\sigma^{2N}(N-1)!}A^{2N-1}\exp\left(-\frac{NA^2}{\sigma^2}\right),\ A\geqslant 0 \tag{2.48}$$

其均值为 $\mathrm{M}_N(A)=\dfrac{\Gamma(N+1/2)}{\Gamma(N)}\sqrt{\dfrac{\sigma^2}{N}}$,方差为 $\mathrm{Var}_N(A)=\left(N-\dfrac{\Gamma^2(N+1/2)}{\Gamma^2(N)}\right)\dfrac{\sigma^2}{N}$,式中,$\Gamma(\cdot)$ 为 Gamma 函数,对于正整数 N,有 $\Gamma(N)=(N-1)!$。

2. 高分辨率 SAR 影像

上节中单视和多视 SAR 数据的 PDF 均是从高斯分布出发推导出来的,因此可统称为高斯模型。这种分布模型假设分辨单元内散射单元较多,各散射体对总回波的贡献率都相近,因此比较适用于描述分辨率较低的同质区域 SAR 影像的统计特征。但是当分辨率较高、纹理(texture)信息丰富时,SAR 影像的统计特征不再服从高斯模型,而需要用其他分布模型来代替。目前已提出了多种分布模型,包括指数正态分布、K 分布、韦布尔(Weibull)分布等。下面以 K 分布为例来讨论高分辨率下 SAR 数据的统计特性。

高分辨率下 SAR 影像中的相干斑仍然服从乘性模型。SAR 强度数据的 K 分布噪声模型可表示为

$$Y=g\cdot I \tag{2.49}$$

其中:I 表示包含纹理的真实强度信息;g 是服从 Gamma 分布的随机变量,其 PDF 为

$$p(g)=\frac{1}{g\Gamma(\alpha)}(\alpha g)^{\alpha-1}\mathrm{e}^{-\alpha g},\ g\geqslant 0 \tag{2.50}$$

并且有 $E[g]=1,E[(g-\bar{g})^2]=\dfrac{1}{\alpha}$。其中,$\alpha$ 越大,方差越接近 0,表示相应区域同质度越高。

在多视情况下,当视数为 N 时,根据式(2.49),重新定义 SAR 强度影像的 K 分布噪声模型为

$$Y=g\cdot T \tag{2.51}$$

其中:T 为真实的 SAR 强度信息,其 PDF 为

$$p_N(T)=\frac{N^N T^{N-1}}{(N-1)!}\exp(-NT),\ T\geqslant 0 \tag{2.52}$$

由式(2.50)~式(2.52),可推导出 SAR 强度影像 Y 服从 N 视 K 分布:

$$p(Y) = \frac{2\ (N\alpha)^{(\alpha+N)/2}}{(N-1)!\ \Gamma(\alpha)} Y^{(\alpha+N)/2-1} K_{\alpha-N}(2\ \sqrt{N\alpha Y}),\ Y \geqslant 0 \qquad (2.53)$$

其中:$K_n(\ )$ 是修正的 Bessel 函数。

单视和多视情况下幅度图的 K 分布模型可以从强度图得到。由于幅度图和强度图之间有如下关系:

$$A = \sqrt{Y} \qquad (2.54)$$

所以可推导出幅度 A 的 PDF 为

$$p(A) = \frac{4\ (N\alpha)^{(\alpha+N)/2}}{(N-1)!\ \Gamma(\alpha)} A^{(\alpha+N)-1} K_{\alpha-N}(2\ \sqrt{N\alpha A}),\ A \geqslant 0 \qquad (2.55)$$

2.4.2　全极化 SAR 数据统计特性

极化散射矩阵的 4 个元素中每个元素实际上都是一幅单极化 SAR 影像,因此其统计特性与单极化 SAR 影像的统计特性是一样的。但是当将 4 个通道通过数学变换构成矢量及矩阵时,由于极化散射矩阵 4 个通道间有一定相关性,其统计特性需要重新分析。

由于不同分辨率下噪声发育情况及细节纹理的呈现度不同,与单极化 SAR 影像类似,全极化 SAR 影像的统计特性在不同分辨率情况下也是不同的。中低分辨率下通常用高斯模型来描述,而高分辨率下通常用 SIRV 模型来描述。下面分别对极化 SAR 影像的高斯统计模型和 SIRV 统计模型做简要介绍(郎丰铠,2014)。

1. 高斯模型

由于单极化 SAR 的复散射数据服从零均值的复高斯分布,全极化情况下,散射矢量 $\boldsymbol{k}$ 可以用均值为 0 的多元复高斯分布来描述:

$$p(\boldsymbol{k}) = \frac{1}{\pi^q\ |\boldsymbol{C}|} \exp(-\boldsymbol{k}^{*\mathrm{T}} \boldsymbol{C}^{-1} \boldsymbol{k}) \qquad (2.56)$$

式中:$\boldsymbol{C} = E[\boldsymbol{k}\boldsymbol{k}^{*\mathrm{T}}]$;$q$ 表示散射矢量 $\boldsymbol{k}$ 的维数,对于非互易介质或者双基雷达,$q=4$,在互易情况下,$q=3$。

N 视情况下极化 SAR 影像的协方差矩阵或相干矩阵均可通过下式进行计算:

$$\boldsymbol{Z} = \frac{1}{N} \sum_{i=1}^{N} \boldsymbol{k}_i \boldsymbol{k}_i^{*\mathrm{T}} \qquad (2.57)$$

令 $\boldsymbol{A} = \boldsymbol{NZ}$，则矩阵 $\boldsymbol{A}$ 服从 N 个自由度的复 Wishart 分布，因此容易得出 $\boldsymbol{Z}$ 的分布为

$$p_N(\boldsymbol{Z}) = \frac{N^{qN} \mid \boldsymbol{Z} \mid^{N-q} \exp(-NTr(\boldsymbol{C}^{-1}\boldsymbol{Z}))}{K(N,q) \mid \boldsymbol{C} \mid^N} \tag{2.58}$$

式中：$K(N,q) = \pi^{q(q-1)/2} \prod_{i=1}^{q} \Gamma(N-i+1)$。

由上述推导过程可看出，极化 SAR 影像的协方差矩阵和相干矩阵服从相同的分布模型。

当 $q = 1$ 时，$\boldsymbol{Z}$ 由矢量退化为标量，即 N 视强度影像。相应地，式（2.58）退化为多视强度影像的 PDF：

$$p_N(\boldsymbol{Z}) = \frac{N^N \boldsymbol{Z}^{N-1} \exp(-N\boldsymbol{Z}/\boldsymbol{C})}{\Gamma(N)\boldsymbol{C}^N} \tag{2.59}$$

式中：$\boldsymbol{C} = E[\boldsymbol{Z}] = s^2$。

2. SIRV 模型

球不变随机矢量（SIRV）的概念最早由 Yao（1973）首次引入通信理论。但直到 35 年后，Vasile 等（2008）才首次将其引入极化 SAR 领域。SIRV 模型可表示为（Vasile et al.，2010）

$$\boldsymbol{k} = \sqrt{\tau}\boldsymbol{z} \tag{2.60}$$

式中：$\boldsymbol{k}$ 是观测到的 q 维的散射矢量；τ 是正随机变量，代表纹理区域的后向散射能量；$\boldsymbol{z}$ 是相干斑噪声的散射矢量，它服从均值为 0 的复圆高斯分布。

在 SIRV 模型中并没有明确定义随机变量 τ 的 PDF，因此 SIRV 描述的实际上是一类具有随机方差的非匀质高斯过程。通过采用不同的分布模型，如高斯分布、瑞利分布、K 分布、Chi 分布、Weibull 分布、Rician 分布等，可对不同的随机过程进行描述。正是因为 SIRV 模型的这个特点，可将其视为一个模型框架。

SIRV 模型是两个独立随机变量 τ 和 $\boldsymbol{z}$ 的乘积，对于极化 SAR 数据，其极化特性是由矩阵 $\boldsymbol{M}$ 来描述的；而地面场景的纹理变化则是由 τ 来描述的。并且，当用于描述极化 SAR 数据的统计特性时，纹理随机变量 τ 要满足以下三个有效性假设：①该变量只影响后向散射能量；②该变量与噪声矢量 $\boldsymbol{z}$ 是乘性的，并且是空间不相关的；③该变量对于所有的极化通道必须是完全相同的。

假设纹理 τ 的 PDF 为 $p(\tau)$，则散射矢量 $\boldsymbol{k}$ 的 PDF 可表示为

$$p(\boldsymbol{k}) = \int_0^{+\infty} \frac{1}{(\pi\tau)^q \mid \boldsymbol{M} \mid} \exp\left(-\frac{\boldsymbol{k}^{*\mathrm{T}} \boldsymbol{M}^{-1}\boldsymbol{k}}{\tau}\right) p(\tau)\mathrm{d}\tau \tag{2.61}$$

式中:矩阵 M 是散射矢量 k 的协方差矩阵,其表达式为 $M=E[zz^{*T}]$。按照此公式,可以根据所使用的纹理模型的 PDF 计算散射矢量的 PDF,常见的纹理及其对应的散射矢量的 PDF 见表 2.2(Vasile et al.,2010)。

表 2.2　常见的纹理及其对应散射矢量的 PDF 表

纹理 τ 的 PDF		散射矢量 k 的 PDF	
名称	$p(\tau)$	名称	$p(k)$
Dirac	$\delta(\tau-1)$	Gaussian	$\dfrac{1}{\pi^q\,|M|}\exp(-k^{*T}M^{-1}k)$
Gamma	$\dfrac{\alpha^\alpha\tau^{\alpha-1}}{\Gamma(\alpha)\gamma^\alpha}\mathrm{e}^{-\frac{\alpha\tau}{\gamma}}$	K	$\dfrac{2}{\pi\Gamma(\alpha)\,|M|}\left(\dfrac{\alpha}{\gamma}\right)^{(\alpha+q)/2}(k^{*T}M^{-1}k)^{(\alpha-q)/2}$ $\cdot\ besselK_{q-\alpha}\left(2\sqrt{\dfrac{\alpha k^{*T}M^{-1}k}{\gamma}}\right)$
Inverse Gamma	$\dfrac{(\beta\gamma)^\beta}{\Gamma(\beta)\tau^{\beta+1}}\mathrm{e}^{-\frac{\beta\gamma}{\gamma}}$	G^0	$\dfrac{(\beta\gamma)^\beta\Gamma(q+\beta)}{\pi^\alpha\Gamma(\beta)}(k^{*T}M^{-1}k+\beta\gamma)^{-1(\beta+q)}$
Fisher	$\dfrac{\Gamma(\alpha+\beta)}{\Gamma(\alpha)\Gamma(\beta)}\dfrac{\beta^\beta\gamma^\beta\alpha^\alpha\tau(\alpha-1)}{(\beta\gamma+\alpha\tau)^{\alpha+\beta}}$	KummerU	$\dfrac{\Gamma(\alpha+\beta)}{\pi^\alpha\,|M|\,\Gamma(\alpha)\Gamma(\beta)}\left(\dfrac{\alpha}{\beta\gamma}\right)^1\Gamma(q+\beta)$ $\cdot\left(q+\beta;1+q-\alpha;\dfrac{\alpha}{\beta\gamma}k^{*T}M^{-1}k\right)$

注:表中 α、β 及 γ 为形状参数

2.5　极化目标分解

地物目标的散射机理可以看作是多个具有简单散射机制的独立单元的散射特性的组合,极化目标极化分解的任务就是找到一种合适的组合来表达和分析地物目标,从而更好地理解目标的散射机理,实现对极化 SAR 影像的正确解译(Touzi et al.,2004)。根据处理对象的不同,极化目标分解方法可分为两大类(Cloude et al.,1996):一类是相干目标分解,这类方法基于极化散射矩阵进行分解,并且要求目标的散射特征是确定的或稳态的;另一类是非相干目标分解,这类方法基于极化协方差矩阵、极化相干矩阵、Mueller 矩阵或 Stokes 矩阵进行分解,此时目标的散射特征可以是非确定的或时变的。

相干目标分解的基本思想是将目标的散射矩阵 S 分解为多个简单目标的组合,用公式表示为

$$S = \sum_{i=1}^{k} c_i S_i \qquad (2.62)$$

式中：c_i 为第 i 个简单目标的权重；S_i 代表第 i 个简单目标（或标准目标）的散射矩阵。由于满足式（2.62）的分解方式并不是唯一的，可以利用不同方法实现对目标散射矩阵 S 的分解。目前提出的分解方法主要有 Pauli 分解（Lee et al.，2009；Cloude et al.，1996）、Krogager 分解（也称为 SDH 分解）（Krogager et al.，1997，1995；Krogager，1993）、Cameron 分解（Cameron et al.，1990）和 SSCM 分解（Touzi et al.，2002a，2002b）等。

非相干目标分解就是对地物目标的二阶统计量，即对 C 矩阵、T 矩阵、M 矩阵或 K 矩阵等进行分解，其基本思想与相干目标分解相似，如式（2.63）所示

$$X = \sum_{i=1}^{k} p_i X_i \qquad (2.63)$$

式中：p_i 为第 i 个简单目标的权重；X_i 代表第 i 个简单目标（或标准目标）的二阶统计量。由于 M 和 K 可由 C 和 T 转化得到，实际大多仅针对 C 或 T 进行分解。非相干目标分解包括 Huynen 分解（Huynen，1970）、Cloude-Pottier 分解（也称为 $H/A/\alpha$ 分解）（Cloude et al.，1997a，1997b）、Holm-Barnes 分解（Holm et al.，1988）、Freeman-Durden 分解（Freeman et al.，1998）和 Yamaguchi 分解（Yamaguchi et al.，2006，2005）等。

下面对几种标准目标的散射机制及常见的分解方法进行简单的描述，以便于后续进行分类算法的阐述和分析。

2.5.1　基本散射机制

由于现实世界中地物的散射特性非常复杂，直接分析这些千差万别的散射特性几乎是不可能的。对此，一种可行的解决方案是将复杂的地物目标分解为多个简单的理想散射体，通过分析这些简单的理想散射体的极化散射特性，来辅助分析现实世界中的复杂地物，进而辅助进行极化 SAR 影像解译。这些理想散射体有球状体、平面体、二面角、三面角、短细棒、螺旋体等。这些理想散射体又可从散射机制上分为单次散射、偶次散射、体散射（多次散射）和螺旋体散射四大类，其中第四类在自然界中很少有，一般在人造物中才会存在，因此多数文献仅将基本散射机制分为前三大类。本书从这四大类散射机制出发分别对这些理想散射体的极化散射特性进行介绍。

1. 单次散射

球状体、平面体以及三面角具有类似的散射机制,电磁波发射到这些散射体上之后,都会被直接散射出去,如图 2.4 所示。因此称这些散射体所对应的散射机制为单次散射或表面散射。这些散射体的散射面如果朝向雷达,则在雷达图像上会非常亮;否则,会非常暗。其散射矩阵均可表示为

$$\boldsymbol{S}_{\text{single}} = k \begin{bmatrix} 1 & 0 \\ 0 & 1 \end{bmatrix} \tag{2.64}$$

式中:k 为与目标尺寸、角度等有关的常数,在分析理想散射体的散射特性时前面的系数可不予考虑。

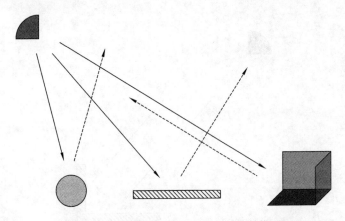

图 2.4　球状体、平面体、三面角的散射模型

根据式(2.64),利用极化合成技术可绘制出其对应的极化响应图如图 2.5所示。可以看到,在共极化条件下,最大值出现在线极化状态,最小值出现在圆极化状态;在交叉极化条件下,最大和最小接收功率出现的极化状态则相反。由于球状体、平面体及三面角具有对称性,它们的极化响应与极化方位角无关,而仅仅与椭圆率角有关。

2. 偶次散射

当电磁波从正面发射到二面角散射体上时,一般会经过两次反射之后原路返回,如图 2.6 所示,因此二面角散射体在 SAR 影像上一般都很亮,所对应的散射机制被称为偶次散射,其散射矩阵可表示为

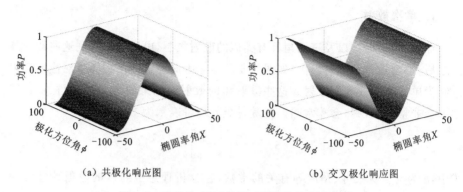

（a）共极化响应图　　　　　　　（b）交叉极化响应图

图 2.5　球状体、平面体及三面角的极化响应图

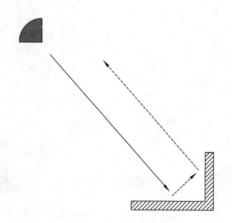

图 2.6　二面角的散射模型

$$\boldsymbol{S}_{\text{double}} = k \begin{bmatrix} \cos 2\alpha & \sin 2\alpha \\ \sin 2\alpha & -\cos 2\alpha \end{bmatrix} \tag{2.65}$$

式中：α 为二面角反射器相对于雷达视线的偏转角。当 $\alpha=0$ 时，即雷达处于二面角的正面时，散射矩阵可简化为

$$\boldsymbol{S}_{\text{double}} = k \begin{bmatrix} 1 & 0 \\ 0 & -1 \end{bmatrix} \tag{2.66}$$

根据式（2.66）式绘制的极化响应图如图 2.7 所示。可以看到，在极化方位角为 0°和±90°时，二面角的共极化响应一直是最大的，而交叉极化响应一直是最小的，并且与椭圆率角无关。其他情况下均会随椭圆率角的变化而改变。当极化方位角在±45°时，共极化响应在线极化状态下最小，在圆极化状态下最大；

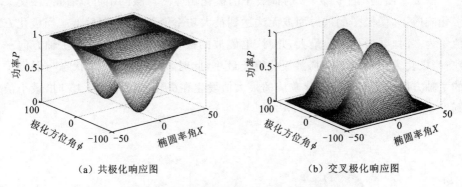

（a）共极化响应图　　　　　　（b）交叉极化响应图

图 2.7　二面角的极化响应图

而交叉极化响应在线极化状态下最大，在圆极化状态下最小。

3. 体散射

空间方向随机分布的短细棒或偶极子（如大量树枝组成的植被区域）的散射可用体散射模型描述，如图 2.8 所示。电磁波经过短细棒的多次散射后有相当一部分散射回波会被雷达接收，因此在 SAR 影像上一般也比较亮。偶极子的散射矩阵可表示为

$$\boldsymbol{S}_{\text{volume}} = k \begin{bmatrix} \cos^2\alpha & \sin\alpha\cos\alpha \\ \sin\alpha\cos\alpha & \sin^2\alpha \end{bmatrix} \tag{2.67}$$

式中：α 为偶极子轴线与水平面的夹角。可看出，偶极子的散射回波会随 α 的不同而不同。

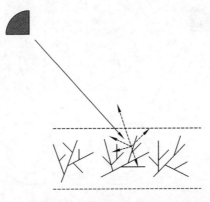

图 2.8　短细棒（偶极子）的散射模型

　　图 2.9 绘制出了当 $\alpha=0$ 时偶极子的极化响应图。从图中可以看出,在交叉极化响应下,偶极子的散射回波无法达到最大功率值,而是普遍较低。当极化方位角为 0 时,共极化响应最大,此时,电磁波的极化状态与偶极子的主轴方向一致;当极化方位角为 90° 时,共极化响应最小,此时,电磁波的极化状态与偶极子的主轴方向垂直。交叉极化响应的最大值发生在极化方位角为 ±45° 时,最小值则发生在极化方位角为 0°及 90°时。

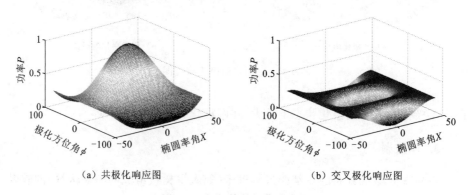

(a) 共极化响应图　　　　　　　　　　(b) 交叉极化响应图

图 2.9　短细棒的极化响应图

4. 螺旋体散射

　　2.1.1 节中提到极化椭圆是一个带有旋转方向性的椭圆,根据旋向不同,极化可分为左旋极化和右旋极化。对应于此,螺旋体可分为左旋螺旋体和右旋螺旋体,如图 2.10 所示。

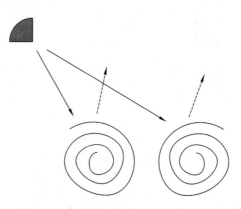

图 2.10　左旋和右旋螺旋体的散射模型

螺旋体散射回波的强弱与极化波的旋向和发射接收组合情况有关;在共极化情况下,极化波与螺旋体旋向相同时散射回波强度最强,相反时最弱;在交叉极化情况下,散射回波都会比较弱。左螺旋体的散射矩阵表示为

$$\boldsymbol{S}_{\text{lhelix}} = k \begin{bmatrix} 1 & j \\ j & -1 \end{bmatrix} \tag{2.68}$$

其极化响应图如图 2.11 所示。从图中可以看出,左螺旋体的共极化响应和交叉极化响应差别较大,但其接收功率均与极化方位角无关。对于共极化响应,其极值出现在圆极化状态下:当电磁波旋向与螺旋体旋向相同时,即在左旋圆极化状态下,接收功率可取得最大值,而在右旋圆极化状态下则相反。对于交叉极化响应,其极值分别出现在线极化和圆极化状态下:在线极化状态下取得最大值,但该值远小于 1,而在圆极化状态下取得最小值。

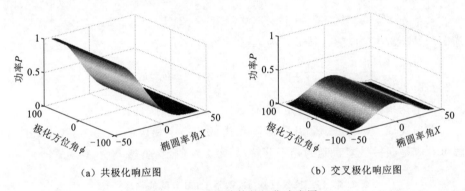

（a）共极化响应图 （b）交叉极化响应图

图 2.11 左螺旋体的极化响应图

右螺旋体的散射矩阵表示为

$$\boldsymbol{S}_{\text{rhelix}} = k \begin{bmatrix} -1 & j \\ j & 1 \end{bmatrix} \tag{2.69}$$

图 2.12 展示了其极化响应图。可以看出,右螺旋体的共极化响应图与左螺旋体相反,而交叉极化响应与左螺旋体相同。由图 2.11 和图 2.12 可知,螺旋体的旋向可通过共极化响应方便的判断出来。

2.5.2 Pauli 分解

Pauli 分解就是将目标的散射矩阵向 Pauli 基进行投影的过程。由 2.2.2 小节内容知道,目标的散射矩阵 $\boldsymbol{S}$ 向 Pauli 基投影可以得

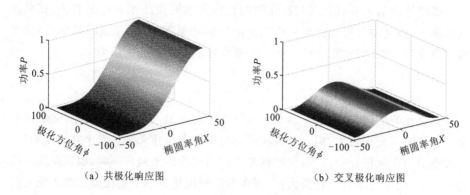

（a）共极化响应图　　　　　　　　　　（b）交叉极化响应图

图 2.12　右螺旋体的极化响应图

$$\boldsymbol{S}=\begin{bmatrix} S_{\mathrm{HH}} & S_{\mathrm{HV}} \\ S_{\mathrm{VH}} & S_{\mathrm{VV}} \end{bmatrix}=\frac{a}{\sqrt{2}}\begin{bmatrix} 1 & 0 \\ 0 & 1 \end{bmatrix}+\frac{b}{\sqrt{2}}\begin{bmatrix} 1 & 0 \\ 0 & -1 \end{bmatrix}+\frac{c}{\sqrt{2}}\begin{bmatrix} 0 & 1 \\ 1 & 0 \end{bmatrix}+\frac{d}{\sqrt{2}}\begin{bmatrix} 0 & -j \\ j & 0 \end{bmatrix} \quad (2.70)$$

式中：a、b、c、d 均为复数，其形式为

$$a=\frac{S_{\mathrm{HH}}+S_{\mathrm{VV}}}{\sqrt{2}}, \quad b=\frac{S_{\mathrm{HH}}-S_{\mathrm{VV}}}{\sqrt{2}}, \quad c=\frac{S_{\mathrm{HV}}+S_{\mathrm{VH}}}{\sqrt{2}}, \quad d=j\frac{S_{\mathrm{HV}}-S_{\mathrm{VH}}}{\sqrt{2}} \quad (2.71)$$

在单基系统下，根据互易定理，有 $S_{\mathrm{HV}}=S_{\mathrm{VH}}$，此时，有 $c=\sqrt{2}S_{\mathrm{HV}}$，$d=0$。

根据式（2.70）中的 Pauli 基矩阵和式（2.71）中相应的 Pauli 系数，Pauli 分解可看成是四种散射机制的相干分解，如表 2.3 所示（王超 等，2008）。

表 2.3　在正交线性基（H，V）下 Pauli 分解的物理解释

Pauli 矩阵	Pauli 系数	散射类型	物理解释
$\begin{bmatrix} 1 & 0 \\ 0 & 1 \end{bmatrix}$	a	单次散射	球体、平面、三面角
$\begin{bmatrix} 1 & 0 \\ 0 & -1 \end{bmatrix}$	b	偶次散射	二面角
$\begin{bmatrix} 0 & 1 \\ 1 & 0 \end{bmatrix}$	c	45°偶次散射	倾斜 45°的二面角
$\begin{bmatrix} 0 & -j \\ j & 0 \end{bmatrix}$	d	交叉极化	不存在相应的散射机制

Pauli 分解的优点在于它非常简单，并且每个分量具有明确的物理解释，由于 Pauli 基是完备正交基，因此具有一定的抗噪性，即时在噪声强烈或者去极化

效应显著的情况下仍能用它进行分解;缺点是只能区分单次散射和偶次散射这两种散射机制,不能完整地描述实际情况。

　　基于 Pauli 分解的上述优点,它常被用来合成一种 RGB 伪彩色图像,以便于对原始极化 SAR 图像进行预览和展示。以 AirSAR L 波段数据为例,对其进行 Pauli 分解,所得结果如图 2.13 所示。

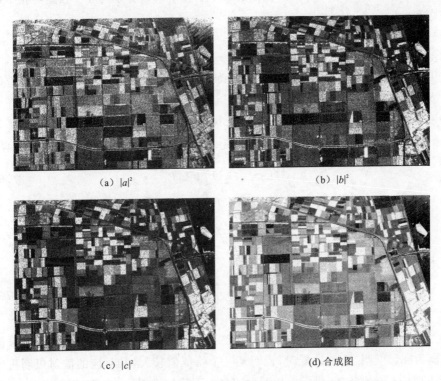

（a）$|a|^2$　　　　　　　　　　　　　　　　　（b）$|b|^2$

（c）$|c|^2$　　　　　　　　　　　　　　　　　（d）合成图

图 2.13　AirSAR L 波段极化 SAR 数据的 Pauli 分解及合成图

2.5.3　Cloude-Pottier 分解

　　单基情况下,根据互易定理,相干矩阵 T 是 3×3 的半正定的 Hermitian 矩阵。根据矩阵理论,它可以分解为如下形式(Cloude et al.,1996):

$$T_3 = U_3 \mathbf{\Lambda} U_3^{-1} = U_3 \begin{bmatrix} \lambda_1 & 0 & 0 \\ 0 & \lambda_2 & 0 \\ 0 & 0 & \lambda_3 \end{bmatrix} U_3^{-1} \tag{2.72}$$

式中:λ_1、λ_2 和 λ_3 是矩阵 T_3 的 3 个特征值,U_3 则包含了 T_3 的 3 个正交特征向量:

$$U_3 = \begin{bmatrix} u_1 & u_2 & u_3 \end{bmatrix} \tag{2.73}$$

式中：u_i 形式如下：

$$u_i = [\ \cos\alpha_i e^{j\phi_i} \quad \sin\alpha_i \cos\beta_i e^{j\delta_i} \quad \sin\alpha_i \sin\beta_i e^{j\gamma_i}\ ]^T \tag{2.74}$$

式中：α 表示目标散射类型，其取值范围为 $0 \sim 90°$；β 为目标相对雷达视线的方位角，其取值范围为 $-180° \sim 180°$；ϕ, δ, γ 为目标的散射相位角。

根据式（2.72）～（2.74），目标的相干矩阵 T 可以分解为 3 个独立的相干矩阵之和：

$$T = \sum_{i=1}^{3} \lambda_i T_i = \lambda_1 e_1 e_1^{*\,T} + \lambda_2 e_2 e_2^{*\,T} + \lambda_3 e_3 e_3^{*\,T} \tag{2.75}$$

式中：λ_i 和 e_i 分别表示 T 的特征值和特征向量；T_i 表示基本散射机制，其对应的 λ_i 表示该散射机制的强度。

在以上分解的基础上，Cloude 和 Pottier 定义了三个物理量：散射熵 H、平均散射角 α 和反熵 A，其定义如下（Cloude et al.，1997a，1997b）：

$$H = -\sum_{i=1}^{3} P_i \log_3 P_i \tag{2.76}$$

$$\alpha = P_1 \alpha_1 + P_2 \alpha_2 + P_3 \alpha_3 \tag{2.77}$$

$$A = \frac{P_2 - P_3}{P_2 + P_3} = \frac{\lambda_2 - \lambda_3}{\lambda_2 + \lambda_3} \tag{2.78}$$

其中：P_i 为特征值 λ_i 的概率，其定义为

$$P_i = \frac{\lambda_i}{\sum\limits_{i=1}^{3} \lambda_i} \tag{2.79}$$

上面三个物理量中，散射熵 H 表征了一个分解目标的去极化程度，其取值范围为 $[0,1]$。当 H 值较低时，说明某一个特征值较大，其对应的散射机制占主导。随着 H 值的升高，目标极化散射信息的不确定性增大。当 H 值较高时，说明三个特征值的大小比较接近，此时目标的去极化效应较强，不再存在一个占主导地位的散射机制。在 $H = 1$ 的极端情况下，目标的极化散射信息完全退化为随机噪声，即处于完全非极化状态。

平均散射角 α 在一定程度上代表了目标散射机制的类型，其变化范围为 $[0°, 90°]$。当 $\alpha = 0°$ 时为各向同性的单次散射或面散射；当 α 增大时，表示目标的粗糙度越来越大，散射机制将变为各向异性的单次散射；当 $\alpha = 45°$ 时，目标的散射机制表现为偶极子散射或体散射；如果 $\alpha > 45°$，则目标的散射机理为各向异性的偶次散射；在 $\alpha = 90°$ 的极端情况下，目标的散射机制变为二面角散射或者螺旋体散射。

由 H 和 α 组成的特征空间可以划分为 8 个有效区域，每个区域对应着一种

特定的散射机制,其划分形式见图 2.14。

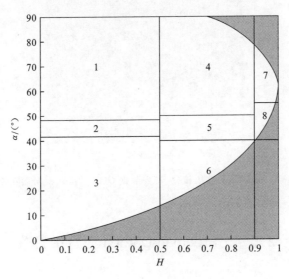

图 2.14　**H-α** 特征空间

　　虽然散射熵 H 提供了在同一分辨率单元内总散射机制的信息,但是却不能提供两个较小特征值 λ_2、λ_3 之间的关系信息,反熵 A 就是为了补充这一缺憾。但需要注意的一点是,反熵 A 受噪声影响严重,只有在较高散射熵的情况下,反熵 A 的值才有较实际的参考意义(王超 等,2008),根据定义,其变化范围为[0,1]。

　　以 AirSAR L 波段数据为例,对其进行 Cloude-Pottier 分解,所得结果如图 2.15 所示。

（a）散射熵 H　　　　　　　　　　（b）散射角 α

图 2.15　AirSAR L 波段极化 SAR 数据 Cloude-Pottier 分解结果

（c）反熵 A

图 2.15　AirSAR L 波段极化 SAR 数据 Cloude-Pottier 分解结果（续）

2.5.4　Freeman-Durden 三分量分解

Freeman-Durden 三分量分解是基于 2.5.1 节前三种基本散射机制模型建立的目标分解方法（Freeman et al.，1998）。该方法将极化协方差矩阵 $\boldsymbol{C}$ 分解为如下形式：

$$
\begin{aligned}
\boldsymbol{C}_3 &= \langle \boldsymbol{C}_3 \rangle_s + \langle \boldsymbol{C}_3 \rangle_d + \langle \boldsymbol{C}_3 \rangle_v \\
&= f_s \begin{bmatrix} |\beta|^2 & 0 & \beta \\ 0 & 0 & 0 \\ \beta^* & 0 & 1 \end{bmatrix} + f_d \begin{bmatrix} |\alpha|^2 & 0 & \alpha \\ 0 & 0 & 0 \\ \alpha^* & 0 & 1 \end{bmatrix} + f_v \begin{bmatrix} 1 & 0 & 1/3 \\ 0 & 2/3 & 0 \\ 1/3 & 0 & 0 \end{bmatrix}
\end{aligned} \tag{2.80}
$$

其中：$\langle [C_3] \rangle_s$ 对应表面散射；f_s 为相应表面散射分量的强度；β 是表面散射的极化系数；$\langle [C_3] \rangle_d$ 对应偶次散射；f_d 为相应偶次散射分量的强度；α 是偶次散射的极化系数；$\langle [C_3] \rangle_v$ 对应体散射；f_v 为相应体分量的强度。

上述分解中有 5 个未知参数，为了求解这些未知量，首先假设散射体满足互易性和反射对称性，则共极化与交叉极化散射回波之间的相关性为 0，即

$$
\langle S_{HH} S_{HV}^* \rangle = \langle S_{HV} S_{VV}^* \rangle = 0 \tag{2.81}
$$

进一步地，假设体散射、偶次散射以及表面散射分量相互独立，那么总的二阶统计量就是这些单个散射机制的统计量之和。因此，总的后向散射模型可写为

$$
\left.\begin{aligned}
\langle |S_{HH}|^2 \rangle &= f_s |\beta|^2 + f_d |\alpha|^2 + f_v \\
\langle |S_{VV}|^2 \rangle &= f_s + f_d + f_v \\
\langle S_{HH} S_{VV}^* \rangle &= f_s \beta + f_d \alpha + f_v/3 \\
\langle |S_{HV}|^2 \rangle &= f_v/3
\end{aligned}\right\} \tag{2.82}
$$

　　该模型有 4 个方程和 5 个未知量,因此,为求解各未知量,需至少事先给定其中一个未知量的值。由于表面散射和偶次散射对 HV 极化都没贡献,所以可以直接根据第 4 个方程估计体散射的贡献 f_v。从 $|S_{HH}|^2$、$|S_{VV}|^2$ 和 $S_{HH}S_{VV}^*$ 项中减去体散射的贡献 f_v 或 $f_v/3$,便可得到下面的残余模型,即 3 个方程和 4 个未知量:

$$\left.\begin{aligned}\langle\,|\,S_{HH}\,|^2\rangle &= f_s|\beta|^2 + f_d|\alpha|^2\\\langle\,|\,S_{VV}\,|^2\rangle &= f_s + f_d\\\langle S_{HH}S_{VV}^*\rangle &= f_s\beta + f_d\alpha\end{aligned}\right\} \tag{2.83}$$

　　根据 Van Zyl(1989)的研究,是表面散射机制还是偶次散射机制在残余模型中占优,可以用 $\mathrm{Re}(S_{HH}S_{VV}^*)$ 的正负号确定。如果 $\mathrm{Re}(S_{HH}S_{VV}^*)>0$,那么表面散射机制占优,令 $\alpha=-1$;如果 $\mathrm{Re}(S_{HH}S_{VV}^*)<0$,那么二次散射机制占优,令 $\beta=1$。这样,f_s,f_d 以及 β 或 α 便可以从残余模型中估算出来。

　　以 AirSAR L 波段数据为例,对其进行 Freeman-Durden 分解,得到的结果如图 2.16 所示。

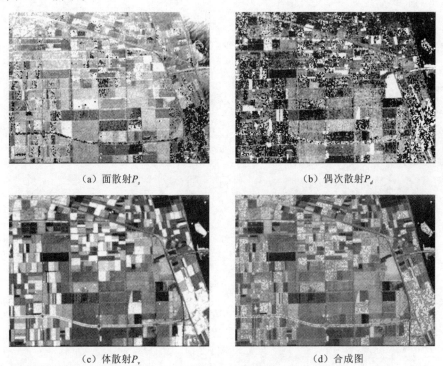

（a）面散射P_s　　　　　　　　　　　　（b）偶次散射P_d

（c）体散射P_v　　　　　　　　　　　　（d）合成图

图 2.16　AirSAR L 波段极化 SAR 数据 Freeman-Durden 分解结果

2.6 本章小结

本章主要介绍了极化 SAR 领域的一些基本理论,包括极化电磁波的概念及其基本表示方法、极化 SAR 数据的矩阵描述方法、极化合成理论及其应用、不同分辨率下单极化及全极化 SAR 数据的统计特性、以及极化目标分解理论。同时利用公开数据进行了相关实验,并将结果进行了展示。

第 3 章　极化 SAR 影像超像素分割

　　超像素(superpixel)是 Ren 等(2003)提出来的一个概念,由于超像素分割相比于常规的分割方法可以保留图像的很多有用信息,同时又可降低后续图像处理的复杂度,超像素分割在计算机视觉领域迅速成为研究热点。现有的超像素生成算法从总体上可以分成两大类(王春瑶 等,2014;Achanta et al.,2012):基于图论(graph-based)的方法和基于梯度上升(gradient ascent)的方法。

　　基于图论的超像素分割方法以每个像素为"图"中的一个"节点",相邻像素的相似度为"边",然后通过最小化代价函数求得分割结果。Shi 等(2000)对图割方法进行改进,提出了Ncut(normalized cuts)方法,该方法首先利用边缘特征计算代价函数,然后从全局出发最小化代价函数,可生成大小和形状都比较规则的超像素,但是对细节信息的保持效果不好,而且解算过程比较复杂,算法执行效率较低。Felzenswalb 等(2004)基于最小生成树(minimum spanning tree)的思想提出一种Graph-based 方法,该方法能较好地保持不同类别区域的边缘,而且计算速度较快,但是无法得到大小和形状比较规整的超像素。Moore 等(2008)提出了 superpixel lattice 方法,通过寻找最优路径进行"图"的分割,该方法保持了图像的拓扑结构信息,但是其预先提取的图像边缘信息会严重影响最终的分割结果和分割速度。Veksler 等(2010)基于 patch stitching 思想对图割方法进行改进,提出的方法计算效率较高,且可进行三维体元(supervoxel)分割,但有时会分割失败。Liu 等(2011)提出熵率分割法,该方法首先利用图像随机游走熵率和平衡项定义目标函数,然后通过最大化目标函数实现分割,它产生的超像素大小和形状比较规则,但对细节信息的保持效果并不理想。

基于梯度上升的超像素分割方法首先对像素进行粗略的聚类,然后通过多次迭代不断优化聚类结果。它们都采用了聚类的思想,但各自所依据的理论和具体方法不同,其优缺点也不同。Vincent 等(1991)提出的分水岭(watersheds)方法是该类方法中较早提出且仍被广泛研究和使用的经典方法,该方法基于拓扑理论对图像进行数学形态学分割,执行效率高,且对细节信息保持效果好,但是不能控制超像素的大小和数量。Comaniciu 等(2002)提出的均值漂移(mean shift,MS)方法通过迭代搜索每个像素的模态点,能较好地保持细节信息,但不能控制超像素的数量、大小和紧凑度,并且模态点搜索导致计算量较大,影响了其实用性。对此,Vedaldi 等(2008)在 MS 方法的基础上进行改进,提出了 quick shift 方法,该方法模态点搜索速度快,且简洁易用、泛化能力强,但仍不能控制超像素的大小和数量。Levinshtein 等(2009)提出的 turbopixels 方法利用基于水平集的几何流(geometric flow)得到尺寸相近的超像素,但是执行效率较低且对边缘的保持效果较差。Achanta 等(2012;2010)提出的 SLIC 方法利用局部 K 均值聚类进行超像素分割,该方法同时利用了光谱信息和空间信息,思想简单,并且可得到尺寸均匀、形状规整的超像素。

虽然在计算机视觉领域超像素分割研究已成为热点,但在极化 SAR 影像处理领域,超像素分割研究并不多,导致很多文献中在用到超像素分割时只能利用针对光学图像的超像素分割算法对 PauliRGB 合成图像进行处理,而不能直接对极化 SAR 影像处理(朱腾 等,2015;Zhang et al.,2013;巫兆聪 等,2012;Li et al.,2008)。对此,本章将先介绍两种比较典型的极化 SAR 影像超像素分割算法,然后将计算机视觉领域较热门的 SLIC 算法引入极化 SAR 领域,提出一种新的极化 SAR 超像素分割算法,并通过机载 L 波段全极化数据验证其有效性。

3.1　常用的超像素分割方法

3.1.1　Ncut 分割

Ncut 分割算法是由 Shi 等(2000)在模式识别和机器智能领域提出来的一种属于图论和谱聚类(Hamad et al.,2008)技术的超像素分割算法。该算法将整幅图像看作一幅加权无向图 $G=(V,E)$,其中,"图"的每个"顶点"V 对应图像中的一个像素点,"图"的"边"E 即权重,表示各像素点之间的相似度。谱聚类算法的核心思想就是确定一种分割准则对图像进行分割,使分割后的区域满足如下条件:区域与区域之间各点的相似度尽可能低(低耦合),而区域内部各点之间的相似度尽可能高(高内聚)。

现有的分割准则可分为三大类:基于特征向量、基于图割和基于区域合并(席秋波,2010)。基于图割的分割准则中最简单的就是将图像二分的最小割(cut)准则(Wu et al.,1993):假设加权无向图 $G=(V,E)$ 可被分为不相交的两个部分 A 和 B,并且有 $A\cup B=V$,$A\cap B=\varnothing$,则 A 和 B 被称为 G 的两个子图。则子图 A 和 B 之间的总体相似度定义为

$$\mathrm{Cut}(A,B)=\sum_{u\in A,v\in B}w(u,v) \tag{3.1}$$

式中:u 表示子图 A 内的点;v 表示子图 B 内的点。从式(3.1)可看出,子图 A 和 B 之间的总体相似度是由连接两个子图的"边"的权重之和来决定的。

如果令 $\mathrm{Cut}(A,B)$ 最小,此时求得的分割结果是该准则下最优分割。如果要将图像分割为多个区域,只需要递归调用二分 Cut 分割,直到得到想要的个数。

然而,在 Cut 准则下,$\mathrm{Cut}(A,B)$ 的值会受"边"的数目的严重影响,即"边"越少,$\mathrm{Cut}(A,B)$ 越小。这会导致 Cut 算法会先将图像中孤立的小区域与其他区域分开。这个缺陷使得 Cut 算法对图像中的噪声非常敏感,得到的分割结果并非全局最优解。Ncut 分割算法的提出正是为了克服该缺陷。Ncut 准则的表达式如下:

$$\mathrm{Ncut}(A,B)=\frac{\mathrm{Cut}(A,B)}{\mathrm{Assoc}(A,V)}+\frac{\mathrm{Cut}(A,B)}{\mathrm{Assoc}(B,V)} \tag{3.2}$$

式中:$\mathrm{Assoc}(A,V)$ 表示集合 A 与集合 V 之间的相关度,其表达式如下:

$$\mathrm{Assoc}(A,V)=\sum_{u\in A,t\in V}w(u,t) \tag{3.3}$$

式中:t 表示集合 V 内的点。

与 Cut 准则类似,令 $\mathrm{NCut}(A,B)$ 最小的分割即图的最优分割。从 Ncut 准则中可看出,该准则利用子图 A 和子图 B 各自与整幅图 V 的相关度 Assoc 对 A 和 B 之间的相似度 Cut 进行规范化,从而克服了子图 A 与 B 中"边"的数量带来的影响。

上述规则只衡量了子图与子图之间的相似度,并未衡量子图内部个点的相似度。对此,定义类内相似度如下:

$$\mathrm{NAssoc}(A,B)=\frac{\mathrm{Assoc}(A,A)}{\mathrm{Assoc}(A,V)}+\frac{\mathrm{Assoc}(B,B)}{\mathrm{Assoc}(B,V)} \tag{3.4}$$

根据式(3.3)和式(3.4),Ncut 准则(3.2)可进行如下变形:

$$\begin{aligned}
\mathrm{Ncut}(A,B) &= \frac{\mathrm{Cut}(A,B)}{\mathrm{Assoc}(A,V)} + \frac{\mathrm{Cut}(A,B)}{\mathrm{Assoc}(B,V)} \\
&= \frac{\mathrm{Assoc}(A,V) - \mathrm{Assoc}(A,A)}{\mathrm{Assoc}(A,V)} + \frac{\mathrm{Assoc}(B,V) - \mathrm{Assoc}(B,B)}{\mathrm{Assoc}(B,V)} \\
&= 2 - \left(\frac{\mathrm{Assoc}(A,A)}{\mathrm{Assoc}(A,V)} + \frac{\mathrm{Assoc}(B,B)}{\mathrm{Assoc}(B,V)} \right) \\
&= 2 - \mathrm{NAssoc}(A,B)
\end{aligned} \tag{3.5}$$

从式(3.5)可看出,Ncut 准则既满足了不同子图之间相似度最小,也满足了子图内部相似度最大。

然而,$NCut(A,B)$ 最小值的求解问题是一个 NP-完全问题。NP-完全问题是一个非常复杂的数学问题,到目前为止还没有精确的求解方法。但是在实际应用中可以通过数学近似的方式得到 NP-完全的近似最优解。

假设一幅图像中的总像素数为 N,由该图像生成的加权无向图 $G = (V, E)$ 可被分为 A 和 B 两个部分。令 $x = \{1, -1\}^N$ 为一个 N 维的二进制指示向量,即如果 $x_i = 1$,则表明点 i 在集合 A 中,否则如果 $x_i = -1$,则表明点 i 在集合 B 中。则求 Ncut 准则(3.2)的最小值问题可转变为求下面公式的最小值

$$\min_x \mathrm{Ncut}(x) = \min_y \frac{y^{\mathrm{T}}(D-W)y}{y^{\mathrm{T}}Dy} \tag{3.6}$$

式中:$y = (l + x) - b(l - x)$ 也是一个 N 维的二进制指示向量。其中,l 是 $N \times 1$ 的向量,其元素全部为 1;D 是一个 $N \times N$ 的对角矩阵,对角线上的元素为 $d(i) = \sum_{j \in V} w(i,j)$,表示点 i 与 V 中所有点 j 的相似度总和;W 是一个 $N \times N$ 的对称矩阵,其元素定义为 $W(i,j) = w(i,j)$,表示点 i 与点 j 的相似度。

如果令 $y_i \in \{1, b\}$ 且满足 $y^{\mathrm{T}}Dl = 0$,则最小值问题(3.6)可进一步转换为求解如下广义特征系统问题:

$$(D - W)y = \lambda Dy \tag{3.7}$$

问题(3.7)还可进一步转换为标准的特征值问题:

$$D^{-1/2}(D-W)D^{-1/2}z = \lambda z \tag{3.8}$$

式中:$z = D^{1/2}y$。

由于标准特征值问题(3.8)的最小特征值为 0,对应的特征矢量为 l,因此,求解 $NCut(A,B)$ 的最小值问题转化为求解标准特征值问题(3.8)的第二个最小的特征值对应的特征向量。最后将特征向量离散化,即可得到分割结果。

虽然 Shi 和 Malik 推导出了 Ncut 准则的近似解法,但是由于图像中的像素数一般都很多,因此式(3.8)中各矩阵和向量的行列数很大,导致上述解法的计算量很大,计算速度较慢,影响了其实用性。后续有许多改进研究都将重点放在

如何提高运算速度上面。目前对 Ncut 算法的改进主要分为两个方面(陈彦至
等,2009):一是对求解方法的改进;二是对权重矩阵 W 的优化。其中,第一类改
进仅仅会提高运算速度,但不会影响分割结果,而第二类改进则会同时影响分割
速度和分割效果。并且,不同类型的图像其相似度函数可以有不同的定义,因
此,其对应的权重矩阵也不同。从这个角度看,可将 Ncut 分割算法视为一个分
割框架,通过对不同类型的图像采用不同的相似度函数使该算法适应不同类型
的图像。

对于极化 SAR 影像,可利用极化信息、空间信息、纹理信息等定义相似度函
数,从而构造权重矩阵,即可利用 Ncut 算法实现超像素分割。Ersahin 等
(2010)提出将基于边缘信息、极化信息和空间信息的相似度函数相乘,得到总的
相似度函数来进行 K-way Ncut 分割(Yu et al.,2003),该方法能得到较为规整
的超像素,但对细节信息保持效果较差。Liu 等(2013)在 Ersahin 等的基础上简
化了相似度函数的定义,即只利用边缘信息来计算相似度,然后用 Ncut 算法进
行分割,该方法对细节信息的保持效果有所提升,更适于面向对象的分类。下面
以 Liu 等人提出的算法为例介绍极化 SAR 影像 Ncut 分割算法的具体步骤:

(1)检测边缘。利用极化 SAR 边缘检测算法(Schou et al.,2003)检测图像
中的边缘。该算法将在本章第 3.2 节有详细描述。

(2)边缘细化。边缘检测算法得到的图像边缘一般会具有一定的宽度,由
于检测边缘的目的是确定分割边界,因此需要将提取的边缘进行细化。具体方
法见图 3.1(Malik et al.,2001;Canny,1986)。

(3)计算相似度。在得到细化后的边缘图像后,图中任意两点 x 和 y 之间
的相似度可用高斯核函数定义为

$$w(x,y) = \exp\left(\frac{-D_C^2(x,y)}{2\sigma^2} \right) \tag{3.9}$$

其中:σ 为缩放参数;$D_C(x,y)$ 为 x 和 y 之间的距离,即沿 x 和 y 之间的直线 l
上边缘强度的集合为 $D(z|z \in l)$ 中的最大值(Leung et al.,1998)。其数学定
义为

$$D_C(x,y) = \max\{D(z|z \in l)\} \tag{3.10}$$

根据式(3.9)相似度的定义计算对角矩阵 D 及权重矩阵 W。

(4)影像分割。将第(3)步计算得到的 D 和 W 代入式(3.8),求解其特征值
和特征向量。找出第二个最小的特征值对应的特征向量,取该特征向量元素的
中值为分割阈值进行影像分割(Shi et al.,2000)。

需要说明的是,虽然 Ncut 分割可以精确控制所获得的分割区域数,但实际
在进行分割时,在图像较大的情况下一般要进行分块,每块所得区域数乘以总块

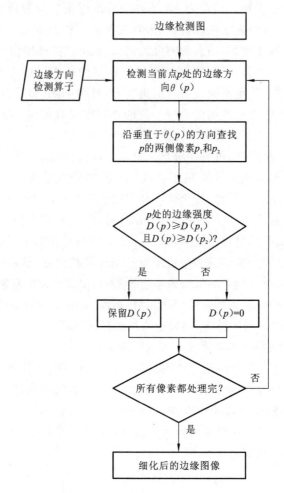

图 3.1　边缘细化算法流程图

数即实际所得区域数,由于该值并不是任意的,因此期望得到的区域数跟实际得到的区域数会稍有不同。

3.1.2　GBMS 分割

均值偏移(mean shift,MS)最初是由 Fukunaga 和 Hostetler(1975)提出的一种非参数概率密度估计方法,直到 20 年后 Cheng(1995)才对其进行了改进并且将其用于模式识别。为了便于进行特征空间分析,Comaniciu 等(2002;2001;2000;1999)又对 MS 算法进行了进一步扩展,并将其用于图像平滑、分割、聚类,以及实时目标跟踪等诸多方面,这些工作使人们意识到 MS 的优势,极大促进了 MS 的发展和应用。GBMS(generalized balloon mean shift)分割是郎丰铠 (2014)在 MS 算法基础上提出来的一种针对极化 SAR 影像的超像素分割算法。 郎丰铠首先针对极化 SAR 数据的特点对常规 MS 算法进行了重新定义,提出了 GBMS 算法,使其适用于极化 SAR 数据,在此基础上进一步提出了 GBMS 滤波 和 GBMS 分割。

MS 分割算法是 MS 算法在 MS 滤波基础上的进一步扩展,其思想较为简 单直接:在进行完 MS 滤波后,将模态点所处位置接近,并且值也接近的点合并 为一个区域。由此可以看出,该算法属于区域增长与合并技术,因此,需要考虑 合并准则和合并顺序问题。

1. 合并准则

首先,假设 x 为 p 维原始极化 SAR 强度或幅度影像上的点,z 为滤波后的影 像上的点。则由 x 可构建一系列定义在空间-光谱联合域的 d 维矢量 x_i,其中, $d = p + 2, i = 1, \cdots, n, n$ 为滤波窗口内的总像素数。则 GBMS 公式(Lang et al.,2014a)可表示为

$$M_{\mathrm{GB}}(x) = \frac{\sum_{i=1}^{n} q\left(\left\|\dfrac{x - x_i}{h(x)}\right\|^2\right) x_i}{\sum_{i=1}^{n} q\left(\left\|\dfrac{x - x_i}{h(x)}\right\|^2\right)} - x \tag{3.11}$$

其中:$h(x)$ 为自适应非对称带宽矢量。SAR 强度或幅度图的概率密度分布是非 对称的,带宽采用非对称带宽,而每个维度(通道)上的带宽也应该是不同的,因 此采用矢量的形式表示带宽。其数学公式表示为

$$h = \begin{cases} h_{j,1}, & if\ x_{i,j} \leqslant x_j \\ h_{j,2}, & if\ x_{i,j} > x_j \end{cases}, \ 1 \leqslant j \leqslant p \tag{3.12}$$

由于 SAR 强度或幅度图的概率密度分布函数已知,带宽 $h(x)$ 可根据给定 的参数 ξ 进行自动计算,郎丰铠(2014)对该方法进行了详细介绍。

为了充分利用空间信息和光谱信息,可将定义在空间-光谱联合域的多元核 函数引入到 MS 算法中,得到定义在空间-光谱联合域的 GBMS 的表达式:

$$M_{\mathrm{GB}}(x) = \frac{\sum_{i=1}^{n} q_s\left(\left\|\dfrac{x_s - x_{i,s}}{h_s}\right\|^2\right) q_r\left(\left\|\dfrac{x_r - x_{i,r}}{h(x_r)}\right\|^2\right) x_i}{\sum_{i=1}^{n} q_s\left(\left\|\dfrac{x_s - x_{i,s}}{h_s}\right\|^2\right) q_r\left(\left\|\dfrac{x_r - x_{i,r}}{h(x_r)}\right\|^2\right)} - x \tag{3.13}$$

式中:下标 s 表示空间域;下标 r 表示光谱域,在极化 SAR 影像中表示强度或幅 度。从式(3.13)可得到 GBMS 分割算法的合并准则为

$$P(z,z_i) = \begin{cases} true. & if\left(\left\|\dfrac{z_{i,s}-z_s}{h_s}\right\|<1\right) \& \left(\left\|\dfrac{z_{i,r}-z_r}{h(z_r)}\right\|<1\right) \\ false. & otherwise \end{cases} \tag{3.14}$$

合并准则(3.14)中仅考虑到了中心像素对应的带宽,然而,在进行区域合并时会涉及到两个区域,此时两个区域对应两组带宽 $h(x)$ 和 $h(x_i)$。对此,郎丰铠(2014)将合并准则(3.14)变为

$$P(z,z_i) = \begin{cases} true. & if\left(\left\|\dfrac{z_{i,s}-z_s}{h_s}\right\|<1\right) \& \left(\left\|\dfrac{z_{i,r}-z_r}{\min(h(z_r),h(z_{i,r}))}\right\|<1\right) \\ false. & otherwise \end{cases} \tag{3.15}$$

由于极化 SAR 影像中相干斑噪声往往比较强烈,影像中的单个像素值是不可信的。为了降低噪声的影响,保证合并测试结果的可靠性,一种可行的方法是利用相邻同质像素对中心像素进行估计。由于图像分割过程中,同一分割区域内的像素均被认为是同质的,因此可利用临时分割结果来进行中心像素估计。基于此,令 $R(z)$ 表示像素 z 所属区域,$\overline{R_r}(z)$ 表示区域像素光谱域均值,则合并准则(3.15)可变为

$$P(R(z),R(z_i))$$

$$= \begin{cases} true. & if\left(\left\|\dfrac{z_{i,s}-z_s}{h_s}\right\|<1\right) \& \left(\left\|\dfrac{\overline{R_r(z_i)}-\overline{R_r(z)}}{\min(h(\overline{R_r(z)}),h(\overline{R_r(z_i)}))}\right\|<1\right) \\ false. & otherwise \end{cases} \tag{3.16}$$

2. 合并顺序

与大多数分割算法类似,常规 MS 分割算法采用的合并策略比较简单,即直接按照行列号顺序进行合并测试。而 GBMS 分割算法采用预排序策略。即首先按照梯度大小对"相邻像素对"进行排序,然后再按梯度从小到大的顺序依次判断像素所属的区域是否应该合并。郎丰铠(2014)用下面的梯度函数进行排序:

$$f(z,z_i) = \left\|\frac{z_r-z_{i,r}}{\min(h(z_r),h(z_{i,r}))}\right\| \tag{3.17}$$

3. GBMS 超像素分割算法

完整的极化 SAR 影像 GBMS 超像素分割算法由 GBMS 滤波和 GBMS 分割两大部分组成。下面分别介绍这两个算法的基本步骤。

将当前像素 x_c 作为初始中心点,假设 $y_j(j=0,1,2,\cdots,m)$ 是一系列 MS 矢量指向点,令 $y_j=x_c$,由式(3.13),y_{j+1} 可由下式计算:

$$y_{j+1} = \frac{\sum_{i=1}^{n} q_s \left(\left\| \dfrac{y_{j,s} - x_{i,s}}{h_s} \right\|^2 \right) q_r \left(\left\| \dfrac{y_{j,r} - x_{i,r}}{h(y_{j,r})} \right\|^2 \right) x_i}{\sum_{i=1}^{n} q_s \left(\left\| \dfrac{y_{j,s} - x_{i,s}}{h_s} \right\|^2 \right) q_r \left(\left\| \dfrac{y_{j,r} - x_{i,r}}{h(y_{j,r})} \right\|^2 \right)} \tag{3.18}$$

由式(3.13)和式(3.18)可知,第 j 个 MS 矢量可写为

$$M_j = y_{j+1} - y_j \tag{3.19}$$

则 GBMS 滤波的具体步骤如图 3.2 所示的程序流程图。

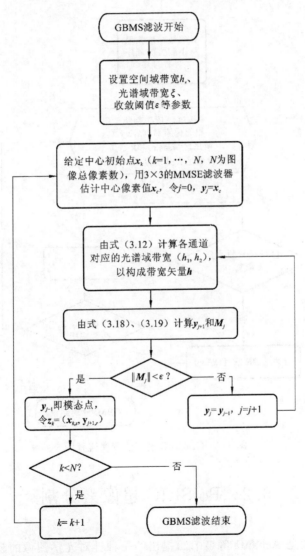

图 3.2　GBMS 滤波算法程序流程图

GBMS 分割步骤直接在 GBMS 滤波结果上进行,其具体计算步骤见图 3.3。

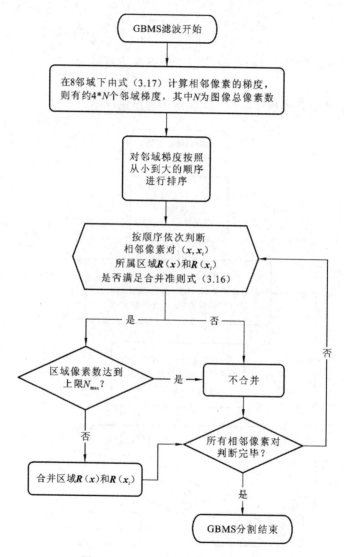

图 3.3　GBMS 分割算法程序流程图

3.2　PolSLIC 超像素分割

SLIC 算法是 Achanta 等(2012)提出的一种针对光学图像的超像素分割算法,该算法利用迭代聚类的思想进行图像分割,得到的结果优于绝大多数的分割算法,在模式识别领域得到了广泛关注和应用。然而,SLIC 算法在设计上未充分考虑噪声的影响,因此当噪声比较严重时,分割结果较差。在 SAR 图像处理领域,图像分割的首要目的就是克服相干斑噪声。对此,本书着重对聚类中心初始化和后处理步骤进行改进,使之对噪声有较强的鲁棒性;并将 SLIC 算法引入极化 SAR 领域,利用极化 SAR Wishart 假设检验距离代替最邻近距离进行 k 均值迭代聚类,最终发展出一种新的极化 SAR 图像超像素分割算法(Qin et al.,2015)。

3.2.1　SLIC 算法

SLIC 算法利用 k 均值聚类思想来生成超像素,该算法的基本步骤包括三步:①初始化;②局部 k 均值聚类;③后处理。下面对该算法进行简要描述。

对于一幅图像 I,假设 N 是图像中的总像素数,k 是希望分割得到的超像素数,理想的超像素是边长为 S 的正方形,则其大小应该是 $S^2 = N/k$。首先,将图像 I 按照规则格网的形式划分为 k 个等份,每一份选择一个像素作为聚类中心。为了得到大小近似相同的超像素,格网的间隔应该是 S。为了避免所选择的聚类中心种子点位于不同类别的边缘或者噪声像素上,SLIC 算法在进行聚类中心种子点选取时并不是直接选择格网的中心点,而是选择其周围 3×3 邻域内邻域梯度最小的点,从而保证迭代聚类过程的稳定性和结果的可靠性。

选择好聚类中心后,将图像中每个像素所属的类别标签设置为 $C(p) = -1$,与各个聚类中心的最小距离为 $D(p) = \infty$。然后根据距离量度进行局部 k 均值聚类,将图像中的每个像素分配给最近的聚类中心。由于超像素的期望大小是 $S\times S$,k 均值聚类时相似像素的搜索范围设置为聚类中心周围 $2S\times2S$ 即可,如图 3.4 所示。最后,根据聚类结果中像素间的空间邻接关系,将同类邻近像素划分为一个区域(超像素),而零散的像素就近分配到其邻近区域(超像素)中。在实际应用中,一般将像素数小于某一阈值 N_{th} 的小区域作为噪声区域合并到其邻近区域中,从而得到大小比较相近的超像素。

在图像处理过程中,最常用的是图像中的光谱信息,而图像中的空间信息往往被忽略。为了充分利用图像中包含的空间信息,Achanta 等(2012)提出将空间信息和光谱信息联合。对于一幅定义在 CIELAB 彩色空间的光学图像,假设第 i 个和第 j 个区域的中心分别为 (l_i,a_i,b_i,x_i,y_i) 和 (l_j,a_j,b_j,x_j,y_j),则两个区域之间的光谱距离定义为

$$d_{p} = \sqrt{(l_j - l_i)^2 + (a_j - a_i)^2 + (b_j - b_i)^2} \tag{3.20}$$

两个区域之间的空间距离定义为

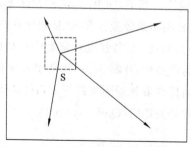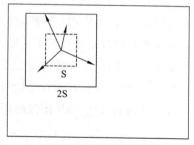

（a）标准 k 均值聚类搜索整幅图像　　　　　（b）SLIC 仅搜索局部区域

图 3.4　k 均值聚类搜索范围示意图

$$d_s = \sqrt{(x_i - x_j)^2 + (y_i - y_j)^2} \qquad (3.21)$$

光谱-空间联合距离定义为

$$D = \sqrt{\left(\frac{d_p}{m}\right)^2 + \left(\frac{d_s}{S}\right)^2} \qquad (3.22)$$

式中：m 是用于控制光谱距离 d_p 和空间距离 d_s 之间相对权重的参数。m 越大，则光谱距离 d_p 权重越小，空间邻近关系越重要，分割结果越紧凑；m 越小，则光谱信息重要性越大，分割结果中超像素边缘更贴近图像中的实际边缘，但是超像素形状和大小更加不规整。

为了更好地从理论上进行分析和对比，本书将 SLIC 算法总结如下：

算法 3.1　SLIC 超像素分割算法

（1）参数设置。确定期望得到的超像素数 k（或者超像素边缘长度 S）、超像素尺寸阈值 N_{th} 等参数的值。

（2）聚类中心初始化。利用 Prewitt 梯度算子计算图像边缘梯度；根据超像素数 k 或者超像素边缘长度 S 划分格网，按照格网选取 k 个种子点；将种子点移动到以种子点为中心的 3×3 邻域内边缘梯度最小处；将图像中每个像素所属的类别标签设置为 $C(p) = -1$，与各个聚类中心的最小距离设置为 $D(p) = \infty$。

（3）局部迭代聚类。对于以种子点为中心的 $2S \times 2S$ 范围内的每一个像素 p，根据式（3.20）、式（3.21）和式（3.22）计算 p 与中心种子点 $C_i (i = 1, \cdots, k)$ 之间的距离 D_i。如果 $D_i < D(p)$，则将像素 p 划分到类别 i 中，并且保存类别标签 $C(p) = i$，以及距离 $D(p) = D_i$。当图像中所有像素都被分配到某一类中之后，更新聚类中心（即计算同类像素的均值），并且重复该步骤直到不再有像素的类别标签发生改变，或者达到最大迭代次数。

(4) 后处理。根据聚类结果中各像素的类别及连通性统计实际生成的超像素数目及组成像素。对于每一个分割区域或超像素 R,如果其尺寸小于 N_{max},则将该区域合并到其相邻区域中,并将总区域数减 1,同时更新新生成区域的相关信息;否则保留区域 R。当所有区域处理完后,最终生成的超像素数目为 K。

3.2.2　PolSLIC 算法

1. 距离量度

在极化 SAR 影像处理领域,常用的距离量度有 Wishart 距离(Lee et al.,1999a;1994a)、假设检验距离(Conradsen et al.,2003)等距离量度。其中,Wishart 距离往往用于基于像素的极化 SAR 影像分类,而假设检验距离更多被用于面向对象的极化 SAR 影像分类。本书通过实验发现假设检验距离在度量两个区域之间的距离时效果更好,因此最终选用假设检验距离作为度量两超像素之间距离的量度。

假设 R_i 和 R_j 分别为第 i 个和第 j 个区域的极化相干矩阵数据集,其中的数据是统计独立的,Σ_i 和 Σ_j 分别为 R_i 和 R_j 的中心相干矩阵。设立如下假设检验:

$$\begin{cases} H_0 : \Sigma_i = \Sigma_j \\ H_1 : \Sigma_i \neq \Sigma_j \end{cases} \tag{3.23}$$

由于相干矩阵数据集中的样本是独立的,根据本书第 2 章内容可知,R_i 和 R_j 的条件概率密度函数可分别表示为

$$\begin{cases} p(R_i \mid \Sigma_i) = \prod_{n=1}^{N_i} p(T_n \mid L, \Sigma_i) \\ p(R_j \mid \Sigma_j) = \prod_{n=1}^{N_j} p(T_n \mid L, \Sigma_j) \end{cases} \tag{3.24}$$

式中:N_i 和 N_j 分别表示第 i 个和第 j 个区域中的样本数量。

由式(3.23)和式(3.24)可得到 H_0 假设下的似然函数为

$$L_{H_0}(\Sigma \mid R_i, R_j) = \prod_{n=1}^{N_i+N_j} p(T_n \mid L, \Sigma) \tag{3.25}$$

式中:$\Sigma = \Sigma_i = \Sigma_j$。$H_1$ 假设下的似然函数为

$$L_{H_1}(\boldsymbol{\Sigma}_i, \boldsymbol{\Sigma}_j \mid R_i, R_j) = \prod_{n=1}^{N_i} p(\boldsymbol{T}_n \mid L, \boldsymbol{\Sigma}_i) \prod_{n=1}^{N_j} p(\boldsymbol{T}_n \mid L, \boldsymbol{\Sigma}_j) \quad (3.26)$$

$\boldsymbol{\Sigma}_i$ 的最大似然(maximum likelihood, ML)估计是 $\hat{\boldsymbol{\Sigma}}_i = \left(\sum_{n=1}^{N_i} \boldsymbol{T}_n \right)/N_i$, $\boldsymbol{\Sigma}$ 和 $\boldsymbol{\Sigma}_j$ 的最大似然估计与 $\hat{\boldsymbol{\Sigma}}_i$ 近似, 分别是 $\hat{\boldsymbol{\Sigma}}$ 和 $\hat{\boldsymbol{\Sigma}}_j$。

由式(3.25)和式(3.26)可以得到似然比假设检验统计量为

$$\begin{aligned} Q_1 &= \frac{L_{H_0}(\hat{\boldsymbol{\Sigma}} \mid R_i, R_j)}{L_{H_1}(\hat{\boldsymbol{\Sigma}}_i, \hat{\boldsymbol{\Sigma}}_j \mid R_i, R_j)} \\ &= \frac{\prod_{n=1}^{N_i+N_j} p(\boldsymbol{T}_n \mid L, \hat{\boldsymbol{\Sigma}})}{\prod_{n=1}^{N_i} p(\boldsymbol{T}_n \mid L, \hat{\boldsymbol{\Sigma}}_i) \prod_{n=1}^{N_j} p(\boldsymbol{T}_n \mid L, \hat{\boldsymbol{\Sigma}}_j)} \\ &= \frac{|\hat{\boldsymbol{\Sigma}}_i|^{LN_i} |\hat{\boldsymbol{\Sigma}}_j|^{LN_j}}{|\hat{\boldsymbol{\Sigma}}|^{L(N_i+N_j)}} \end{aligned} \quad (3.27)$$

检验统计量 Q_1 的变化范围为[0,1], 当该值接近于 0 时, 表示要拒绝 H_0 假设; 当该值接近于 1 时, 表示要接受 H_0 假设。由式(3.27)可得到度量第 i 个和第 j 个区域之间距离的假设检验距离函数为(Cao et al., 2007b)

$$d_{HT}(R_i, R_j) = -\frac{1}{L}\ln Q_1 = (N_i + N_j)\ln|\hat{\boldsymbol{\Sigma}}| - N_i\ln|\hat{\boldsymbol{\Sigma}}_i| - N_j\ln|\hat{\boldsymbol{\Sigma}}_j| \quad (3.28)$$

从式(3.28)可以看出, 距离函数 d_{HT} 是对称的, 因此如果 $i = j$, 则 $d_{HT}(R_i, R_j) = 0$, 否则, $d_{HT}(R_i, R_j) > 0$。

在 H_0 和 H_1 假设下, 当 $\boldsymbol{\Sigma}_j$ 已知时, 上述假设检验变为一般的二值假设检验, 对于给定的类别 j, 有

$$\begin{aligned} Q_2 &= \frac{L_{H_0}(\hat{\boldsymbol{\Sigma}}_j \mid R_i)}{L_{H_1}(\hat{\boldsymbol{\Sigma}}_i \mid R_i)} = \frac{\prod_{n=1}^{N_i} p(\boldsymbol{T}_n \mid L, \hat{\boldsymbol{\Sigma}}_j)}{\prod_{n=1}^{N_i} p(\boldsymbol{T}_n \mid L, \hat{\boldsymbol{\Sigma}}_i)} \\ &= \frac{|\hat{\boldsymbol{\Sigma}}_i|^{LN_i}}{|\hat{\boldsymbol{\Sigma}}_j|^{LN_i}} \exp\{-LN_i(\boldsymbol{Tr}(\hat{\boldsymbol{\Sigma}}_j^{-1}\hat{\boldsymbol{\Sigma}}_i) - q)\} \end{aligned} \quad (3.29)$$

相应地, 第 i 个和第 j 个区域之间的假设检验距离变为修正的 Wishart 距离(Kersten et al., 2005):

$$\begin{aligned} d_{RW}(R_i, R_j) &= -\frac{1}{LN_i}\ln Q_2 \\ &= \ln\left(\frac{|\hat{\boldsymbol{\Sigma}}_j|}{|\hat{\boldsymbol{\Sigma}}_i|}\right) + \boldsymbol{Tr}(\hat{\boldsymbol{\Sigma}}_j^{-1}\hat{\boldsymbol{\Sigma}}_i) - q \end{aligned} \quad (3.30)$$

从上式可以看出,如果 $i=j$,则 $d_{RW}(R_i,R_j)$ 具有最小值 0;否则 $d_{RW}(R_i,R_j)>0$。

2. 聚类中心初始化

众所周知,k 均值聚类中心初始化方法对聚类结果影响较大。从 3.2.1 节描述可以看出,SLIC 算法中聚类中心初始化方法非常简单,即直接以初始种子点为中心进行聚类,由于所有像素与各个聚类中心的初始最小距离均设置为 $D(p)=\infty$,在第一次迭代聚类时可能会将类中心附近 $2S\times 2S$ 范围内像素全部划到本类中,从而导致初始聚类中心的偏移。为了避免该问题,本书类中心初始化分为两步:①种子点位置初始化;②类别标签和最小距离初始化。之后再以每个种子点为聚类中心进行迭代聚类。

1) 种子点位置初始化

SLIC 算法通过对图像进行规则格网划分来选择初始种子点。为了避免噪声及点、线、边缘等异质点的影响,SLIC 算法在选择种子点时并没有直接选择格网中心,而是会进行一定的扰动。即选择格网中心点周围 3×3 邻域内梯度最小的点为种子点。在进行梯度计算时,SLIC 算法由于是针对光学图像进行处理,采用的梯度计算方法较简单。为了计算结果的准确性和鲁棒性,对极化 SAR 影像进行梯度计算时一般需要用一组具有不同方向的边缘检测模板(Schou et al.,2003),如图 3.5 所示,中心点的梯度由具有一定间隔且大小相同的两个区域 R_1 和 R_2 之间的梯度值来代替。这组模板由 4 个参数定义:①区域 R_1 和 R_2 的长度 l_f;②区域 R_1 和 R_2 的宽度 w_f;③区域 R_1 和 R_2 之间的间隔 d_f;④区域 R_1 和 R_2 的倾斜角度变化间隔 θ_f。其中角度变化间隔 θ_f 决定这组模板的个数,当确定了角度变化间隔 θ_f 之后,模板个数 N_f 也就确定了,即 $N_f=\pi/\theta_f$。通常取 $\theta_f=45°$ 或 $90°$,因此一组模板的个数一般为 4 或 2。

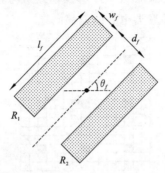

图 3.5　由参数 $K_f=\{l_f,w_f,d_f,\theta_f\}$ 定义的边缘检测模板

对于极化 SAR 数据,区域梯度函数可由距离函数代替,本书将根据式(3.28)来进行梯度计算。为了阐述的清晰性和完整性,现将完整的极化 SAR 影像边缘检测算法总结如下。

算法 3.2　极化 SAR 影像边缘检测算法

---

(1) 设置模板参数 l_f,w_f,d_f 和 θ_f;

(2) 对于当前像素 p_i,根据式(3.28)分别计算 N_f 个具有不同倾角 θ 的模板中区域 R_1 和 R_2 之间的梯度 $D(\theta)$;

(3) 计算 N_f 个梯度值中的最大值 $D_{\max}$ 以及对应的倾角 $\theta_{\max}$;

(4) 保存像素 p_i 的梯度值 $D_{\max}$ 和倾角 $\theta_{\max}$,跳到步骤(2),继续计算下一个像素的梯度。

---

2) 类别标签和最小距离初始化

为了避免 SLIC 算法中初始聚类中心的偏移问题,本书提出一种以格网为中心的类别标签和最小距离初始化策略。如图 3.6 所示,假设 C^1、C^2、C^3 和 C^4 为第(1)步中得到的种子点,R_1 为大小是 $(S+1)\times(S+1)$ 的区域。对于区域 R_1 中的每个像素 p,根据式(3.30)、式(3.21)和式(3.22)计算 p 与种子点 $C_j^i(i=1,2,3,4;j=1,\cdots,k)$ 之间的距离。将 p 分配给与之具有最小距离 $D_{\min}$ 的类,并且保存类别标签 $C(p)=j$,以及最小距离 $D(p)=D_{\min}$。当图像中所有像素都被分配到某一类中之后,更新聚类中心,然后继续进行迭代聚类。相比于 SLIC 算法以种子点为中心的初始化策略开始会将种子点周围的像素直接分配给该种子点,以格网为中心的初始化策略从一开始就令像素与其周围最近的 4 个种子点进行距离比较,从而克服了聚类中心的偏移问题。

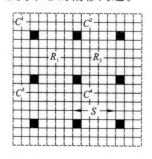

图 3.6　聚类中心初始化策略示意图

3. 后处理

光学图像往往噪声水平较低,因此经过迭代聚类后即可得到较满意的超像素分割结果。因此原始 SLIC 算法并未对后处理步骤做过多讨论。但是对于 SAR 图像,由于相干斑噪声的影响,即便预先对图像做了滤波处理,经过迭代聚类之后得到的结果仍是非常细碎的,因此,后处理步骤成为重要的一步。

本书提出的后处理策略较为简单实用,即将尺寸小于某一阈值的细碎区域合并到其周围最相似的较大区域中。其中,本书中的尺寸阈值设置为 $N_{\max} = S^2/2$。为了能保留图像中较强的点状目标,又设置了另一阈值 $N_{\min}$,由于不同传感器、不同分辨率、不同场景下点状目标的大小是不同的,该阈值需要根据图像中点状目标的平均大小来手动设置。如果分割区域的尺寸小于 $N_{\min}$,则认为该区域为噪声,因此直接将该区域合并到与其最相似的相邻区域中。如果分割区域的大小在 $[N_{\min},N_{\max})$ 范围内,则该区域有可能是较大的点状目标,此时,需要计算该区域与其相邻区域间的梯度或非相似度,如果最小值大于阈值 G_{th},则保留该区域,否则,将该区域与最小值对应的区域合并。根据 Lang 等(2014b)的方法,本书将非相似度函数定义如下:

$$G(R_i,R_j) = \frac{1}{q}\left\|\frac{T_i^{\mathrm{diag}}-T_j^{\mathrm{diag}}}{T_i^{\mathrm{diag}}+T_j^{\mathrm{diag}}}\right\|_1 \tag{3.31}$$

式中:T^{diag} 表示由区域 R 的中心相干矩阵 T 中的对角线元素组成的矢量,$\|\cdot\|_1$ 表示 1-范数。

由于非相似度 G 的范围是 $[0,1]$,阈值 G_{th} 的设置比较简单:如果想仅保留极化 SAR 图像中非常强的点目标,可将 G_{th} 设置在 0.5 到 1 之间;如果想尽可能保留图像中的点目标,则可将 G_{th} 设置的较小。本书中所有的实验均将 G_{th} 设置为 0.3。

此外,需要注意的是,当紧致度参数设置较低时,在单视情况下,由于极化 SAR 图像聚类结果较为细碎,后处理步骤又保留了图像中的强点目标,改进后的 SLIC 算法得到的实际超像素(分割区域)数 K 往往远大于起初设置的超像素数 k;在多视情况下,视数越高,噪声越少,得到的实际超像素数也越少,甚至会低于初始设置的超像素数 k。而当紧致度参数设置较高时,极化 SAR 图像聚类结果较为完整,后处理步骤又合并掉了较小的区域,因此得到的实际超像素(分割区域)数 K 往往小于起初设置的超像素数 k。

4. 算法描述

经过以上三个小节的分析,最终提出了用于极化 SAR 数据的 SLIC 算法,为了便于标记,将该算法命名为 PolSLIC 算法,并对该算法的流程步骤进行总结如下。

算法 3.3 PolSLIC 超像素分割算法

---

(1) 参数设置。确定期望得到的超像素数 k (或者超像素边缘长度 S)、紧致度 m、超像素尺寸阈值 N_{max} 和 N_{min}、以及非相似度阈值 G_{th} 等参数的值。

(2) 预处理(可选)。为了抑制图像中的相干斑噪声,可根据实际情况对极化 SAR 影像进行多视和滤波处理。

(3) 聚类中心初始化。根据算法 3.2 计算极化 SAR 影像边缘梯度图;根据超像素数 k 或者超像素边缘长度 S 划分格网,按照格网选取 k 个种子点;将种子点移动到以种子点为中心的 3×3 邻域内边缘梯度最小处;对于规则格网区域内的每一个像素 p,根据式(3.30)、式(3.21)和式(3.22)计算 p 与规则格网区域四角处的种子点 C_j^i ($i = 1, 2, 3, 4; j = 1, \cdots, k$)之间的距离。将 p 分配给与之具有最小距离 D_{min} 的类,并且保存类别标签 $C(p) = j$,以及最小距离 $D(p) = D_{min}$。当图像中所有像素都被分配到某一类中之后,更新聚类中心(即计算同类像素的均值)。

(4) 局部迭代聚类。对于每个聚类中心 j,根据式(3.30)、式(3.21)和式(3.22)计算其周围 $2S \times 2S$ 范围内的像素与该聚类中心的距离 D,如果 $D < D(p)$,则将像素 p 划分到类别 j 中,并更新 $D(p) = D$。当所有的聚类中心都处理完后,更新聚类中心,并且重复该步骤直到不再有像素的类别标签发生改变,或者达到最大迭代次数。

(5) 后处理。根据聚类结果中各像素的类别及连通性统计实际生成的超像素数目及组成像素。对于每一个分割区域或超像素 R,如果其尺寸小于 N_{max},则根据式(3.31)计算该区域与其相邻区域间的梯度或非相似度,并求出最小值 G_{min} 及其对应的区域 R_{min}。如果 $G_{min} < G_{th}$,或者区域 R 的尺寸小于 N_{min},则合并这两个区域,此时总区域数减 1,同时更新新生成区域的相关信息;否则保留区域 R。当所有区域处理完后,最终生成的超像素数目为 K。

3.3　实验数据及其预处理

　　为了验证本书提出的超像素分割算法的有效性,选取美国国家航空航天局喷气推进实验室获取的 AirSAR L 波段全极化 SAR 数据和德国宇航中心获取的 ESAR L 波段全极化 SAR 数据进行分割实验。

　　第一组实验数据是在荷兰弗莱福兰(省)地区获取的经过 4 视处理的 AirSAR L 波段全极化 SAR 数据,原图像大小为 750×1024。为了便于与 Shi 等(2000)和郎丰铠(2014)等文献中的分割结果做对比,截取了 380×430 大小的一块区域进行分割实验。为了抑制图像中的相干斑噪声,在进行分割实验之前对该数据做了 3×3 的 Refined Lee 滤波(Lee et al.,1999b)。该数据的 Pauli-RGB 图像和对应地区的 Google Earth 截图分别如图 3.7 和图 3.8 所示。所截取区域如图 3.7 中矩形框所示。从图中可以看出,实验区域地物主要为耕地,并且耕地类型非常丰富、耕地形状比较规整,此外还有一定的点状和线状目标,其中线状目标在形状、颜色等方面都比较丰富。因此,该实验数据比较适合用于分割效果的评价,通过目视即可方便地评价分割算法的对各类点状、线状及面状目标的分割效果。

图 3.7　荷兰弗莱福兰(省)地区 AirSAR L 波段数据 Pauli-RGB 合成图

　　第二组实验数据是在德国奥博珀法芬霍芬实验区获取的机载 L 波段全极化 SAR 数据。为了方便展示以及节省实验时间,对其在方位向和距离向分别进

图 3.8　AirSAR L 波段数据对应的 Google Earth 截图

行了 6 视和 3 视的多视处理,最终所使用数据大小为 469×513。经多视处理后,该数据的 Pauli-RGB 合成图如图 3.9 所示,Google Earth 上该实验区截图如图 3.10 所示。从两幅图中可以看出,该实验区整体异质性较大,细节信息较多,地物覆盖类型非常丰富,有利于对分割结果的目视判读和评价。

图 3.9　德国奥博珀法芬霍芬实验区 ESAR L 波段数据 Pauli-RGB 合成图

图 3.10　ESAR L 波段数据对应的 Google·Earth 截图

3.4　分割效果评价

3.4.1　与原始 SLIC 算法的比较

首先利用 AirSAR 数据进行分割实验。前面已经提到,在对该数据进行分割实验之前,预先进行了 3×3 的 Refined Lee 滤波。为了便于进行分割效果的比较分析,获得了滤波后该实验区域的 Pauli-RGB 合成图,如图 3.11 所示。从图中可以看出,虽然由于滤波窗口较小,滤波后图像中的相干斑噪声减弱不明显,但图像中较细小的点、线、边缘等细节信息得到了很好的保持。例如图中椭圆区域所示的强点目标、以及矩形区域所示的线和边缘等细节都比较清晰。由于这里滤波仅仅是分割的一个预处理步骤,在进行滤波时应该将细节信息的保持放在首位。否则,如果为了抑制噪声而忽略点、线、边缘等细节信息的保持,则在滤波步骤即对图像造成较大破坏,那么必然不会得到理想的分割结果。

由于 SLIC 算法是针对光学图像的,在进行分割时处理的是 Pauli-RGB 图像,即图 3.11。设置期望得到的超像素数为 $k=2000$,最终实际获得的超像素数是 $K=1966$,分割结果如图 3.12(a)所示。对比分割前后两幅图可以看出,图像中的点、线、边缘等许多细节信息都没有很好地保留下来。椭圆区域内的强点目标分割后已经看不到,矩形区域内的线目标也几乎消失,而边缘也都被严重破

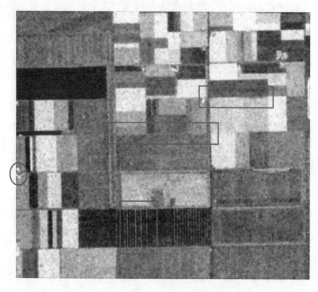

图 3.11　进行了 3×3 Refined Lee 滤波后的 AirSAR 数据

坏。说明原始的 SLIC 算法对噪声比较敏感,抗噪性差,不适合直接用来对极化 SAR 图像进行超像素分割。

　　为了验证以格网为中心的聚类中心初始化策略的有效性,分别实现了采用以种子点为中心的聚类中心初始化策略的 PolSLIC 算法(为便于区别,下文简称 PolSLIC-SC 算法)和采用以格网为中心的聚类中心初始化策略的 PolSLIC 算法(为便于区别,下文简称 PolSLIC-GC 算法,即算法 3.3,如无特殊说明,本书所说的 PolSLIC 算法即指 PolSLIC-GC 算法)。利用 PolSLIC-SC 算法获得的分割结果如图 3.12(b)所示,设置期望得到的超像素数为 $k=2000$,最终实际获得的超像素数为 $K=1764$。对比图 3.12(a),可以看出 PolSLIC-SC 算法相比于原始的 SLIC 算法在细节保持方面有显著的提升:其中,部分点目标得到了一定的保留,如椭圆区域内的两个点目标中,上面的点得到了保持,但下面的点被丢失;线和边缘得到了较好的保留,如图中矩形区域内的亮线和不同类别的边缘,都较好的保留了下来。但仔细观察仍发现存在欠分割现象,点和边缘保持的仍不理想,如图中圆角矩形所示的区域。

　　最后,用 PolSLIC-GC 算法对极化 SAR 数据进行分割处理,当紧致度参数 m 设置为 0.1,期望得到的超像素数设置为 $k=2000$ 时,得到的结果如图 3.12(c)所示,其最终实际获得的超像素数为 $K=1905$。对比图 3.12(b)和图 3.12(c),可发现无论是椭圆区域内的强点目标,还是圆角矩形内的亮线目标,PolSLIC-GC 算

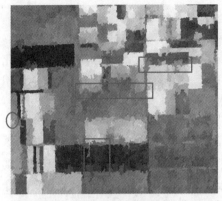
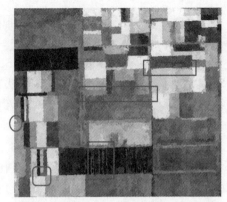

　　（a）SLIC分割结果　　　　　　　　　　　（b）PolSLIC-SC分割结果

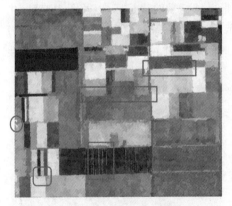
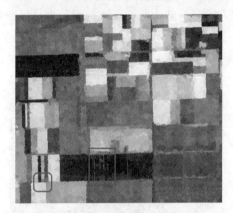

（c）PolSLIC-GC分割结果，其中m=0.1　　　　（d）PolSLIC-GC分割结果，其中m=1.0

图 3.12　AirSAR 数据超像素分割结果对比图

分割参数 k 均设为 2000

法所得结果均优于 PolSLIC-SC 算法。当紧致度参数 m 设置为 1.0，期望得到的超像素数设置为 $k=2000$ 时，用 PolSLIC-GC 算法得到的结果如图 3.12(d)所示，其最终实际获得的超像素数为 $K=1950$。为了便于目视判读，本书将右下角区域的超像素边缘绘制了出来。对比图 3.12(c)和图 3.12(d)，可以看出，当紧致度 m 较小时，获得的超像素形状和大小都不规整，但与实际场景符合的更好；当紧致度 m 较大时，获得的超像素形状和大小要规整很多，但对一些细小的点、线目标保持效果略差，如图 3.12(d)中矩形所示的区域。综合对比图 3.11和图 3.12，可以发现 PolSLIC-GC 算法在点、线和边缘的保持方面均有较好的表现，从而证明了本书提出的算法的有效性。

3.4.2　与 Ncut 和 GBMS 算法的比较

为了进一步验证本书提出的 PolSLIC 算法的有效性,最近提出的针对极化 SAR 数据的 Ncut 算法和 GBMS 算法被用来进行超像素分割对比实验。利用第一组实验数据获得的 Ncut 分割结果如图 3.13(a)所示,其分割区域数为 $K=2016$;GBMS 分割结果如图 3.13(b)所示,其分割区域数为 $K=2021$。对比图 3.12 和图 3.13,可以看出当紧致度参数 $m=1.0$ 时,PolSLIC-GC 算法所得结果与 Ncut 算法和 GBMS 算法所得结果比较接近,超像素紧致度都较高,不同类别的边缘更加平滑,超像素的形状和尺寸也比较规整(见图右下角区域绘制的超像素边缘),但对原图中较亮或较暗的点目标和线目标都没有得到很好的保持,如图 3.13(a)中椭圆区域标示的点目标和矩形区域标示的线目标,以及图 3.13(b)中圆角矩形标示的暗线目标和尖角矩形标示的亮线目标。当紧致度参数 $m=0.1$ 时,PolSLIC-GC 算法所得结果中超像素形状和尺寸虽然不够规整,但对点、线等细节信息的保持效果要好一些。

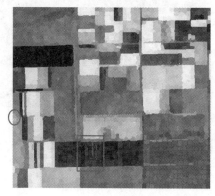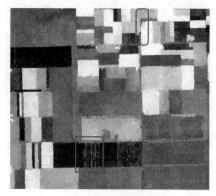

（a）Ncut分割结果　　　　　　　　　　　　（b）GBMS分割结果

图 3.13　AirSAR 数据超像素分割结果对比图

利用第二组实验数据获得的 PolSLIC、Ncut 和 GBMS 分割结果分别如图 3.14 (a)、(b)、(c)所示。虽然 PolSLIC 和 Ncut 算法中设置的期望分割区域数 k=8000,但 PolSLIC 算法实际获得的分割区域数 $K=6680$,Ncut 算法实际获得的分割区域数 $K=8008$。GBMS 算法获得的分割区域数为 $K=7847$。对比三种算法获得的结果图,可看出虽然 PolSLIC 算法获得的分割区域数最少,但该算法对图像中点、线、边缘等细节信息的保持效果却最好,超像素的尺寸大小比较均匀,形状与场景中地物的实际形状吻合。相比之下,Ncut 算法虽然获得的超像素大小均匀、形状规整,但对图像中的点、线等细节丢失或改变现象比较严重,如图中矩形区域标示的点、线和边缘等细节信息均被严重的模糊掉了;GBMS 算法所得结果从总体上看分割效果比 Ncut 明显要好,但从左侧超像素边缘图中可看出,该算法获得的超像素尺寸呈两极分化,大小不均,形状虽然比较接近实际情况,但从右侧区域看对一些比较细小的点、线和边缘保持效果不如 PolSLIC 算法,如图中矩形区域标示的点、线、和边缘等细节信息,虽比 Ncut 算法好很多,但仍有一定的模糊现象,分割结果从整体上看有较明显的细节信息丢失现象。

（a）PolSLIC-GC分割结果,其中m=1.0

（b）Ncut分割结果

图 3.14　ESARL 数据超像素分割结果比较

（a）、（b）分割参数 k 均设为 8000

（c）GBMS分割结果

图 3.14　ESARL 数据超像素分割结果比较（续）

（a）、（b）分割参数 k 均设为 8000

　　超像素分割算法作为面向对象的图像分析过程中比较重要的一个预处理步骤,其处理速度一定程度上影响着其实用性。为了比较本书提出的算法与 Ncut 和 GBMS 算法的执行效率,本书将同一运行环境下对两组数据分别进行分割所耗的时间进行了统计,统计结果分别见表 3.1 和表 3.2。

表 3.1　AirSAR 数据分割耗时统计表

分割算法及得到的 超像素数量	耗时/s	运行环境
Ncut(2016)	225	Inter(R) Core(TM) i5-3470 CPU 3.20 GHz RAM 8.00 GB Windows 7 64 位操作系统
GBMS(2021)	32	
PolSLIC-SC(1764)	22	
PolSLIC-GC(1905)	13	
PolSLIC-GC(1950)	13	

　　从表 3.1 和表 3.2 中可以看到,Ncut 算法耗时最长,且远大于其他算法所耗时间,这是由于 Ncut 算法要进行边缘检测、相似度图像计算、特征值特征向量分解等一系列计算量较大的处理,当图像较大时,生成的权重矩阵也较大,特征值特征向量分解会非常耗时。GBMS 算法耗时仅次于 Ncut 算法,这是由于

该算法每个像素都要通过均值漂移寻找模态点,也较为耗时。PolSLIC 算法中,采用以格网为中心(GC)的聚类中心初始化策略要比以种子点为中心(SC)的聚类中心初始化策略耗时更少,这是由于 GC 策略对聚类中心的估计更准确,后续迭代聚类过程更快。

表 3.2　ESAR 数据分割耗时统计表

分割算法及得到的 超像素数量	耗时/s	运行环境
Ncut(8008)	311	Inter(R) Core(TM) i5-3470 CPU
GBMS(7847)	45	3.20 GHz RAM 8.00 GB
PolSLIC-SC(6680)	18	Windows 7 64 位操作系统

3.5　实验结论

本章首次将 SLIC 超像素分割算法引入极化 SAR 图像处理领域,并改进 SLIC 中心像素初始化方法和后处理步骤。通过机载 AirSAR 和 ESARL 波段极化 SAR 数据对原始 SLIC 算法和本书提出的 POLSLIC 超像素分割算法以及目前较为典型的 Ncut 和 GBMS 超像素分割算法进行对比实验,得出以下结论。

(1)原始的 SLIC 算法对噪声比较敏感,抗噪性差,不适合直接用来对极化 SAR 影像进行超像素分割。

(2)提出的 PolSLIC 算法可直接对极化 SAR 影像进行超像素分割,并且对点、线、边缘等细节信息的保持效果均明显优于原始的 SLIC 算法。

(3)提出的以格网为中心的聚类中心初始化策略相比于以种子点为中心的聚类中心初始化策略对聚类中心的估计更加准确,得到的分割结果更好,且分割速度更快。

(4)通过设置不同的紧致度参数 m,提出的 PolSLIC 算法可得到不同的分割结果:当 m 设置较小时,对点、线、边缘等细节信息保持更好,但超像素形状和大小差异较大;当 m 设置较大时,对细节信息保持效果变差,但超像素形状更加紧凑。

(5)提出的 PolSLIC 算法比经典的 Ncut 和 GBMS 超像素分割算法效果更

好,且执行效率更高,由于可以自由调节超像素分割结果的紧致度,比 Ncut 和 GBMS 等算法更灵活,有利于最大程度提高分割效果,达到了面向对象分类的要求。

3.6　本章小结

　　本章首先介绍了 Ncut 和 GBMS 两种常用的极化 SAR 影像超像素分割方法,然后在 SLIC 算法的基础上结合极化 SAR 影像的特点进行了多项改进,从而提出了可直接用于极化 SAR 数据的 PolSLIC 超像素分割算法,最后通过两组机载 L 波段数据进行了分割效果评价,证明所提算法相比于常用的分割算法在分割效果、执行效率以及灵活性上均有较大优势。

第 4 章　面向对象的极化SAR 影像分类

　　在遥感应用中,全极化 SAR 图像分类是广泛关注的焦点。然而由于相干斑噪声的影响,传统基于像素的分类手段仍然有些不足。相比之下,当 PolSAR 影像首先被分割为各个同质区域时,面向对象分类(object-oriented classification,OOC)可以以同质区域而非像素为单位进行操作,得到更易于理解的结果。在过去的二十年(1996～2016)中,机器学习算法如支持向量机(support vector machine,SVM)(Mountrakis et al.,2011)、随机森林(random forests,RF)(Sun et al.,2016)、boosting 方法(Tokarczyk et al.,2015)以及深度学习(deep learning,DL)(Lv et al.,2015)等,已逐渐被引入到遥感分类应用中。从结构上看,分类器大体可分为三种:单一模型、集成模型和串联模型。经典的 SVM 分类器就是一个寻找最优地辨别正负样本的超平面的单一模型分类器。RF 和 boosting 融合多个分类器结果进一步提升分类表现,均属于集成模型。最近,DL 算法在许多研究领域表现出良好性能,也已被初步应用于 SAR 图像处理(Lv et al.,2015)。这些DL 模型通过使用一系列相似模块逐层地构建,可看作是一种串联模型,如深度置信网络(deep belief networks,DBNs)。

　　不足的是,DL 模型的参数数量通常会随着层数的增加迅速增长,因此想充分训练一个 DL 模型需要大量数据。但在图像分割后,像素被聚合成一块块同质区,这表明后续的 OOC 处理仅可使用非常有限的样本量。若直接应用 DL 一类的方法执行 OOC,则上述情况会引起分类表现的退化。而另一方面,集成模型一般采用特定分类器作为基学习器,通过抽样方式为基学习器的训练构建有差异性的样本子集,因此往往不会受到样本量的限制。所以,本章尝试结合串联型的深度学习模块和集成学习模型进行 PolSAR 影像的对象级地物分类。作为 DBN 的层模块,受限玻尔兹曼机(restricted Boltzmann machine,RBM)在本章被用作基分类器来构建一个全新的集成提升模型。提出的方法有两个优势:①比之单一 RBM 模型,该方法集成了多个 RBM,因此增强了分类表现;②比之成层堆叠 RBM 的深度模型,该方法避免了对大体量数据的需求,从而更适合于 OOC 处理。

4.1 常用的极化 SAR 分类器

极化 SAR 影像分类方面最常用的分类器可分为两大类:一种是从极化 SAR 数据本身的特性出发,针对其统计分布或物理解译信息,专门设计的分类器,如 Wishart 分类器;另一种就是模式识别领域通用的分类器,如支持向量机(SVM)、稀疏表达分类(SC)、随机森林(RF)等。下面将从这两类分类器中各选一种最有代表性的分类器进行简要的描述,以便于对本书后续提出的分类算法进行对比分析。

4.1.1 Wishart 最大似然分类器

Wishart 最大似然分类器是极化 SAR 影像分类方面最经典、最具代表性的一种分类器。虽然该分类器是一种监督分类器,但通过与极化目标分解理论结合,可以实现极化 SAR 影像的非监督分类,因此该分类器一经 Lee 等(1994a)提出,便显示出了强大的生命力,甚至掀起了极化 SAR 影像分类的研究热潮。以 Lee 等为首的国内外同行在 Wishart 分类器的基础上提出了一系列针对极化 SAR 影像的分类算法,获得了越来越好的分类效果(郎丰铠 等,2012;杨杰等,2012a,2012b,2011;曹芳 等,2008;Cao et al.,2007a,2007b;Lee et al.,2004,1999a;Pottier et al.,1999,1997)。

如 2.4 节所述,当 SAR 成像分辨单元中含有很多独立散射体时,或者说当

SAR 图像中的噪声发育完全时,极化 SAR 协方差矩阵 C 和相干矩阵 T 均近似服从自由度为 N 的复 Wishart 分布:

$$d(x|w_i) = NTr(\boldsymbol{\Sigma}_i^{-1}\boldsymbol{Z}x) + N|n||\boldsymbol{\Sigma}_i| - (N-q)\ln|\boldsymbol{Z}x| \qquad (4.1)$$

式中:$\boldsymbol{Z}$ 表示 C 或 T 矩阵;$\boldsymbol{\Sigma}$ 表示中心矩阵,$K(N,q) = \pi^{q(q-1)/2}\prod_{i=1}^{q}\Gamma(N-i+1)$。

将最大似然(maximum likelihood,ML) 准则用于复 Wishart 分布,得到如下的判决函数:

$$d(x \mid w_i) = qN\ln N + (N-q)\ln|\boldsymbol{Z}_x| - NTr(\boldsymbol{\Sigma}_i^{-1}\boldsymbol{Z}_x) \\ - \ln K(N,q) - N\ln|\boldsymbol{\Sigma}_i| + \ln P(\boldsymbol{\Sigma}_i) \qquad (4.2)$$

其中:$\boldsymbol{Z}_x$ 表示样本 x 的 $\boldsymbol{Z}$ 矩阵,$\boldsymbol{\Sigma}_i$ 表示类别 w_i 的中心矩阵的最大似然估计;$\boldsymbol{\Sigma}_i = \frac{1}{N_i}\sum_{k \in w_i}\boldsymbol{Z}_k$。

为了方便计算,去掉式(4.2)中的常数变量,并取负号,得到如下距离函数:

$$d(x \mid w_i) = NTr(\boldsymbol{\Sigma}_i^{-1}\boldsymbol{Z}_x) + N\ln|\boldsymbol{\Sigma}_i| - (N-q)\ln|\boldsymbol{Z}_x| \qquad (4.3)$$

由于在分类时是判断某一像素与所有类中心的距离,类中心是变量,而像素是常量,式(4.3)进一步简化为(去掉最后一项,并同除以 N)

$$d(x \mid w_i) = \ln|\boldsymbol{\Sigma}_i| + Tr(\boldsymbol{\Sigma}_i^{-1}\boldsymbol{Z}_x) \qquad (4.4)$$

式(4.4)被称为复 Wishart 距离。在分类时,需要事先确定类别总数 m,并选择训练集合用于计算 Σ_i,然后将满足下式的像素划分到第 i 类中:

$$d(x|w_i) \leqslant d(x|w_j), (1 \leqslant j \leqslant m, j \neq i) \qquad (4.5)$$

Wishart 最大似然分类器是一种监督分类器,通过极化目标分解理论进行聚类初始化可以将其改造为非监督分类方法。以著名的 Wishart H/alpha 分类算法为先导,国内外同行以 Wishart 分类器为基础提出了许多非监督分类算法(郎丰铠 等,2012;杨杰 等,2012a,2012b,2011;曹芳 等,2008;Cao et al.,2007a,2007b;吴永辉,2007;Lee et al.,1994b,1999a,1994a;Pottier et al.,1999,1997,1995;Cloude et al.,1997a;Van Zyl,1989)。

4.1.2　随机森林

随机森林算法概括而言是一种由 Bagging 模型发展而来的组合分类方法,该方法起初是在 2001 年,由 Breiman 提出的。顾名思义,随机森林这一整体由大量决策树共同组成,其中的每一个树均属于一种基于分类与回归的决策树模型(classification and regression tree,CART)(Breiman,2001)。每一棵 CART

树又由一组参数向量构成,该向量则根据一组给定的训练样本来确定各参数值。全部 CART 树都要求生长完全,且不采用修剪处理。在运用训练样本确定模型参数的过程中,每棵树间完全独立,即各自单独完成分类运算。最后,当输入一个未知样本时,每棵树都给出一个分类结果,最终随机森林输出的类别标记是由各 CART 树的结果经简单的多数投票确定的。值得一提的是,随机森林使用了和 Bagging 方法相同的处理,为每棵树都生成了随机获取的具有独立同分布特性的样本子集。随机森林的预测精度与单棵树的强度和树间的相关性有关(杜政 等,2017)。

　　随机森林的基本思想如图 4.1 所示,具体流程如下。

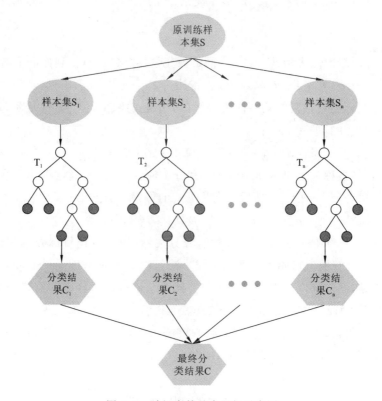

图 4.1　随机森林基本思想示意图

　　(1) 首先,给定原始的训练样本全集 S,随机森林利用逐步引导抽样技术来选择 n 个样本构成样本子集,子集中样本数约为原始训练全集中样本总数的 2/3,子集的构建过程采用有放回的形式。

　　(2) 假设输入数据的特征总数为 M,则针对每个新的样本子集,需从中随机

地抽取 m 个 $(m \leqslant M)$ 特征,并根据基尼(Gini)指数最小原则确定最优的特征来对 CART 树内部的树节点进行分支操作,以使每棵树生长完全,形成决策树分类模型,最后产生由 n 棵决策树组成的森林。在每棵树生长过程中,通常不进行剪枝操作。

(3) 当未知样本输入到随机森林分类器时,采用多数投票从 N 棵决策树各自的结果进行集成,作为新样本的类别猜测并输出该类别标记。

(4) 以上为随机森林的训练和使用流程,此外在每次构建训练集时,随机森立保留约 1/3 的样本量不进入抽样步骤,这部分数据可以作为交叉验证样本对随机森林的分类性能进行误差估计,通常称这部分样本为袋外(out-of-bag,OOB)样本,产生的误差称为 OOB 误差。

4.2　集成学习基本思想

当给定数据样本集时,从抽样过程出发,可以完全随机或按指定规律随机地获取具有一定差异性的一系列新样本子集,其中每一个新子集都是基于原始数据样本集得到的。基于这些子集,又可以对一系列分类模型分别进行训练,最终可通过多种投票方式(如多数投票或加权投票方式)综合全部模型分类结果推测出高可信度的样本所属地物类别。以上即为集成学习分类框架的核心思想。根据抽样方式和投票方式的不同,集成学习方法最具影响力的两大分支为 Bagging 方法和 Boosting 方法。鉴于本章提出的面向对象分类方法从属于 Boosting 一类方法,且在下文中与基于 Bagging 的方法进行了对比和实验分析,故本节首先简要回顾 Bagging 和 Boosting 两种集成方式,为后续方法的提出提供理论基础。

4.2.1　Bagging 方法

如前所述,对于给定的样本集合,可以直接采样出大量样本子集,最直接有效的方式是 Bootstrap,即统计学中的自助抽样法。简单而言,Bootstrap 为有放回的均匀抽样,指定样本集 D,Bootstrap 认为在集合 D 中每个样本出现的概率应该是相等的,因此从 D 中抽样时抽取到每个样本的可能性都是相同的。此外,因为是有放回抽样方式,即便某一样本已被选中并添加到子集中,在下一次抽样过程中,仍认为该样本被抽到的可能性不变。这一点与无放回抽样不同,也是使该方法不受小样本量限制的原因。因此,可以用 Bootstrap 抽样得到一系列独立的样本子集 $D_i, i=1,2,3\cdots$,示意图如图 4.2 所示。

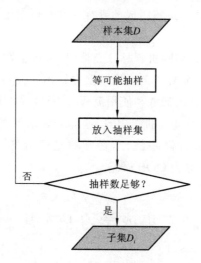

图 4.2　Bootstrap 抽样示意图

　　Bootstrap 处理后,每一个样本子集都可以作为一个新的训练集训练分类模型,以此得到对待分类地物的类别猜测。即便对于同一分类模型,当使用从原始样本集抽样得到的不同子集进行训练时,由于求解而来的模型参数值不同,其猜测会有一定变化,分类表现也是不同的。在遥感影像分类问题中,Bagging 方法将基于 bootstrap 子集训练的分类器同时用于地物识别,但 Bagging 最终输出的分类结果是所有分类器猜测结果中出现次数最多的类别,即多数投票机制。可以看出,Bagging 方法思想朴素直观:随机建立训练子集,训练多个分类器,投票表决分类结果。这样的处理方式使 Bagging 方法可以有效降低分类过程的敏感性,从而得到稳定的分类结果,但代价是提高了分类过程中的预测偏差。因此,一般认为对不稳定的分类模型,如决策树、神经网络等,使用 Bagging 方法往往才有较好的精度提升效果。

4.2.2　Boosting 方法

　　在 Bagging 方法中,训练子集是完全随机抽样而来的,且最终分类结果采用多数投票得到,若引入权重参数来表征某一条件的重要性程度,则这两方面的共同点在于子集样本的选取过程中,任意样本的权重相等(被抽到的可能性相同),

以及结果投票过程中,任一分类器权重相等(各分类结果重视程度相同)。和 Bagging 相比,Boosting 方法在这两方面更进一步。

(1) Boosting 方法认为样本集 D 中的所有样本并不是同等重要,更理想的方式应该是迭代式的构建训练子集,期间逐渐增大高识别难度样本出现的可能性,减小低识别难度样本出现的可能性,迫使每轮迭代中的新分类模型聚焦于困难样本。

(2) Boosting 方法认为不同分类模型的识别结果并不是同等重要,更理想的方式应该是高分类精度的模型分类结果更可信,权重应更高,低分类精度的模型分类结果更不稳定,权重应更低,在最终输出 Boosting 分类结果时应引入加权形式的置信度作为考量。概括而言,Boosting 方法的大体流程如图 4.3 所示。

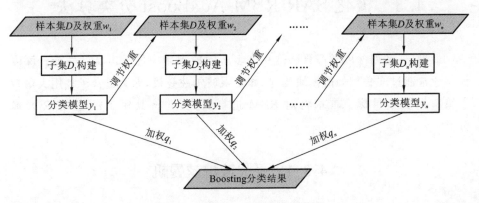

图 4.3　Boosting 分类方法流程图

Boosting 方法在第一次迭代时在表现上与 Bagging 相同,设置样本的初始权重为样本总数的倒数作为抽样到每一样本的可能性,有放回的构建第一个样本子集训练分类模型;但在后续迭代中,需根据前次迭代的分类表现调整各样本被选中的可能性,即样本分布,分别增大或减小被错误分类和正确分类的样本权重,随后根据调整后的新权重构建下一个样本子集来训练下一个分类模型。反复进行此过程直至达到指定的分类模型数量,最终加权判断地物类别(杨力,2014;李杰,2013;赵亚娜,2013)。Bagging 方法和 Boosting 方法非常相似,关键区别在于前者完全分离地构造训练子集,且每个分类模型的训练是相互独立的、并列的,最后等权重地投票;而后者构建训练子集需要参考上一分类模型的表现进行样本权重的调整,因此每次迭代分类模型是依次训练,逐步聚焦的,最后加权投票。可以看出,Boosting 方法实质上是 Bagging 方法的改进版本,相比之下,Boosting 方法的思路比 Bagging 更加精致而有针对性。这也是本章提出的方法中采用 Boosting 而非 Bagging 作为整体学习框架的原因。

　　为了对比分析的完善性,本章实验部分沿袭和提出算法相似的思路,但采用 Bagging 学习框架扩展出了一个新的分类模型;此外,4.1.2 小节介绍的 RF 算法实质是以 CART 树作为底层构建出的 Bagging 集成模型,但其为了解决 Bagging 中存在的问题,随机森林不满足于仅随机构建训练子集,而是在 CART 树的训练过程中同样引入了随机性,本质上也是传统 Bagging 方法的一种改进形式。因此,后续将上述方法都作为对比方法,和本章提出的分类方法进行了综合比较。

4.3　极化 SAR RBM-AdaBoost 分类算法

　　最近,一系列深度学习算法已在许多不同的领域中显示出良好性能。深度模型通常通过堆叠相似的模块构建,如受限玻尔兹曼机,尤其适合于利用大量数据来鉴别复杂目标。本章将对 RBM 进行研究,并将其用于极化 SAR 影像分类。

4.3.1　受限玻尔兹曼机

　　受限玻尔兹曼机(RBM)是由 Smolensky(1986)提出的一种生成式随机神经网络(黄赛金,2016;林雨,2016;陈嘉华,2015;奚雪峰 等,2014),基本原理如图 4.4 所示。

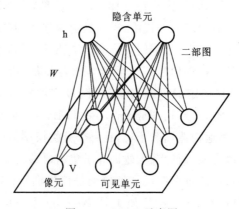

图 4.4　GSNN 示意图

　　RBM 是一种基于能量的模型。假设某一 RBM 由 p 个可见单元和 q 个隐含单元组成,其中可见单元构成了代表输入数据的可见层 $\boldsymbol{v} = [v_1, v_2, \cdots, v_p]^{\mathrm{T}}$, $v_i \in \{0,1\}^{p \times 1}, i = 1, \cdots, p$,上标 T 代表矢量转置操作。隐含单元构成了代表一组特征探测器的隐含层 $\boldsymbol{h} = [h_1, h_2, \cdots, h_q]^{\mathrm{T}}, h_i \in \{0,1\}^{q \times 1}, i = 1, \cdots, q$。可见层各单元和隐含层各单元之间连接的权矩阵表示为 $\boldsymbol{W} = (w_{i,j} \in \boldsymbol{R}^{p \times q})$。分别为可见层 $\boldsymbol{v}$ 和隐含层 $\boldsymbol{h}$ 引入偏置矢量 $\boldsymbol{a} = (a_1, a_2, L, a_p) \in \boldsymbol{R}^{p \times 1}$ 和 $\boldsymbol{b} = (b_1, b_2, L, b_q) \in \boldsymbol{R}^{q \times 1}$ 后,模型的可见变量 $\boldsymbol{v}$ 与隐藏变量 $\boldsymbol{h}$ 的联合配置的能量函数和概率分布可分别定义如下:

$$E_\theta(\boldsymbol{v}, \boldsymbol{h}) = -\sum_{i=1}^{p} a_1 v_i - \sum_{j=1}^{q} b_j h_j - \sum_{i=1}^{p}\sum_{j=1}^{q} v_i w_{i,j} h_j = -\boldsymbol{a}^{\mathrm{T}} \boldsymbol{v} - \boldsymbol{b}^{\mathrm{T}} \boldsymbol{h} - \boldsymbol{v}^{\mathrm{T}} \boldsymbol{W} \boldsymbol{h}$$

$$\tag{4.6}$$

$$P_\theta(\boldsymbol{v}, \boldsymbol{h}) = \frac{1}{Z_\theta} \mathrm{e}^{-E_\theta(\boldsymbol{v}, \boldsymbol{h})} \tag{4.7}$$

其中:θ 表示参数集,包括 $\boldsymbol{W}$、$\boldsymbol{a}$ 和 $\boldsymbol{b}$,Z_θ 是一个配分函数(partition function):

$$Z_\theta = \sum_{\boldsymbol{v}, \boldsymbol{h}} \mathrm{e}^{-E_\theta(\boldsymbol{v}, \boldsymbol{h})} \tag{4.8}$$

　　假设给定包含 n 个样本的样本集为 $S = \{\boldsymbol{v}^1, \boldsymbol{v}^2, \cdots, \boldsymbol{v}^n\}$,那么预训练 RBM 的目标是最大化概率分布的对数似然函数:

$$\zeta_{\theta, S} = \ln \prod_{k=1}^{n} P_\theta(\boldsymbol{v}^k) = \sum_{k=1}^{n} \ln P_\theta(\boldsymbol{v}^k) \tag{4.9}$$

　　为简单起见,在后续讨论中忽略下标 θ。式(4.9)可利用梯度下降法迭代求解:

$$\Delta \theta = \frac{\varepsilon}{m} \frac{\partial \zeta_s}{\partial \theta} = \frac{\varepsilon}{m} \frac{\partial \sum\limits_{k=1}^{m} \ln P(\boldsymbol{v}^k)}{\partial \theta}$$

$$= \frac{\varepsilon}{m} \sum_{k=1}^{m} \left(-\sum_h P(\boldsymbol{h} \mid \boldsymbol{v}^k) \frac{\partial E(\boldsymbol{v}^k, \boldsymbol{h})}{\partial \theta} + \sum_{\boldsymbol{v}, \boldsymbol{h}} P(\boldsymbol{v}, \boldsymbol{h}) \frac{\partial E(\boldsymbol{v}, \boldsymbol{h})}{\partial \theta} \right) \tag{4.10}$$

式中:ε 是学习率;$\Delta \theta$ 是梯度。在式(4.10)中用 n 代替了 m,这是为了表明在此处采用了分块批处理以加快梯度计算。

　　式(4.10)中的第一项很容易计算,因为经简单推导即可知 $P(h_j = 1 \mid \boldsymbol{v}) = \sigma\left(b_j + \sum\limits_{i=1}^{p} v_i w_{i,j}\right)$ 和 $P(v_i = 1 \mid \boldsymbol{h}) = \sigma\left(a_i + \sum\limits_{j=1}^{q} w_{i,j} h_j\right)$,$\sigma(\cdot)$ 为 sigmoid 函数。Fischer 等(2012)作了相关证明。另外,估算第二项时通常采用对比分歧技术(contrastive divergence,CD),Hinton(2002)给出了详细计算步骤。需要注意的

是,由于上述公式都是基于二值单元推导而来的,故每次迭代求解过程中,每个可见和隐含单元的状态要被设置为 0 或 1。设置的原则是分别比较 $P(h_j = 1 \mid \boldsymbol{v})$ 和 $P(v_i = 1 \mid \boldsymbol{h})$ 与一个取值在 0 与 1 之间且服从均匀分布的随机数的大小,若 $P(h_j = 1 \mid \boldsymbol{v})(P(v_i = 1 \mid \boldsymbol{h}))$ 大于随机数,则设置相应的可见(隐含)单元状态为 1,否则为 0。

堆叠了一个或多个 RBM 的分类模型(下文简称"堆叠 RBM 模型")可通过两个步骤得到训练:① 逐层预训练 RBM 以学习新的抽象特征;② 微调模型整体以增强分类表现。

其中,步骤 ① 直接调用 RBM 即可。到了步骤 ② 微调阶段,在模型最顶层添加 Softmax 分类器(廖露,2015),随后基于反向传播(back-propagation,BP)算法对模型整体而非单独对每一层进行参数调整。Logistic 分类器是以 Bernoulli(伯努利)分布为模型建模的,它可以用来分两种类别;而 Softmax 分类器以多项式分布(Multinomial Distribution)为模型建模的,它可以分多种互斥的类别。微调过程协同训练所有的参数来最小化 Softmax 输出和期望的真实输出间的交叉熵 C(Mohamed et al.,2012):

$$C = -\frac{1}{n} \sum_{k=1}^{n} \sum_{l=1}^{c} [y_l^k \ln a_l^k + (1 - y_l^k) \ln(1 - a_l^k)] \qquad (4.11)$$

式中:c 为输出单元个数,即地物类别总数;y_l 是期望的第 l 个输出单元值;而 a_l 是对应的 Softmax 实际输出值。简单地说,归一化后的各 Softmax 输出单元值可以看作是某一样本从属于各类别的置信度。以上微调过程本质上和传统 BP 神经网络的训练过程十分相似。

考虑到在 PolSAR 影像分类中实际输入都是实值而非二值的,现有研究一般采用 Gauss-RBM 或 Wishart-RBM 的形式对原始的 RBM 模型进行了改进,但在本章内容中,考虑到用 PolSLIC 做分割得到的结果使得面向对象的分类过程中可用样本数过于稀少,使用过于复杂的模型结构并不能得到充分训练,因此此处采用一种简单有效的策略使上述 RBM 模型直接适用于实值输入(Hinton,2010):在归一化到 [0,1] 区间后,这些实值输入可以看作一种概率信息,从而可以取消掉在原始二值 RBM 模型的预训练中重置可见层状态的步骤,直接采用每个可见单元取值为 1 的概率来拟合实值输入。这种处理方式直接将 RBM 扩展到实值域数据却无须改动前述求解形式。且保持了模型的复杂度不变。

4.3.2　自适应提升框架

自适应提升(adaptive boosting,AdaBoost)从属于 Boosting 集成模型,同时

是一种自适应的提升算法框架。在每次迭代中,该框架都会根据当前的样本概率分布从原始训练集中采样作为本轮训练子集,以此训练新的分类模型,称作弱学习器;随后用原始训练集对弱学习器进行测试,减少已经被正确地分类的样本出现的概率,提高错误地分类的样本出现的概率(余言勋,2014)。因此随着迭代进行,AdaBoost 逐渐强迫弱学习器区分难以鉴别的样本和类别。最终未知样本的预测类别是基于所有弱学习器分类结果得到的强假设。

最初的 AdaBoost 仅仅适用于二分类,由其改进而来的 AdaBoost. M2 将适用情况扩展到多分类应用(Freund et al.,1996)。对于一个训练样本 v 及其类别标记 $l \in C, C = \{1,2,\cdots,l,\cdots,c\}$,其中 c 为类别总数,AdaBoost. M2 提出 $c-1$ 个二值问题:对每个不正确的类别标记 $\tilde{l} \in C-\{\tilde{l}\}$ 而言,此样本倾向于类别 l 还是 $\tilde{l}$?给出假设 h 回答这些问题,h 仅可取值 0 或 1。如果 $h(v,l) = 1$ 且 $h(\boldsymbol{v},\tilde{l}) = 0$,则答案是 l;如果 $h(v,l) = 0$ 且 $h(\boldsymbol{v},\tilde{l}) = 1$,则答案是 $\tilde{l}$;如果 $k(\boldsymbol{v},l) = h(\boldsymbol{v},\tilde{l})$,则认为答案是随机决定的。进一步地,若假设 $h(v,l) = 1$ 的概率是 $p(v,l)$,$h(\boldsymbol{v},\tilde{l}) = 1$ 的概率是 $p(\boldsymbol{v},\tilde{l})$,则选择到不正确标记 $\tilde{l}$ 的概率应为

$$P[h(\boldsymbol{v},l) = 0 \bigcap h(\boldsymbol{v},\tilde{l}) = 1] + 0.5P[h(\boldsymbol{v},l) = h(\boldsymbol{v},\tilde{l})]$$

$$= [1-p(\boldsymbol{v},l)]p(\boldsymbol{v},\tilde{l}) + 0.5p(\boldsymbol{v},l)p(\boldsymbol{v},\tilde{l}) + 0.5[1-(\boldsymbol{v},l)][1-p(\boldsymbol{v},\tilde{l})]$$

$$= 0.5[1-p(\boldsymbol{v},l) + p(\boldsymbol{v},\tilde{l})] \tag{4.12}$$

引入权重因子标识辨认各类别的重要性,更泛化的概率表示是综合全部 $c-1$ 个二值问题答案的加权平均:

$$\varepsilon = 0.5\Big[1-p(v,l) + \sum_{\tilde{l} \neq l} q(\boldsymbol{v},\tilde{l})p(\boldsymbol{v},\tilde{l})\Big] \tag{4.13}$$

式(4.13)中的 ε 称作伪损失;$q(v,\cdot)$ 代表了不同问题的重要程度,其可通过归一化样本分布得到。

4.3.3　RBM-AdaBoost 算法

从上两节分析可知,在 RBM 分类模型中,归一化输出值即为样本从属于每一类别的置信程度,因此 RBM 预测的样本类别就是置信度最高的类别。然而除了最高置信度,其他的置信程度信息及其间的相对关系并没有得到充分利用;此外,RBM 需要迭代式训练,因此在训练中使用更多属于高错误类别的样本可以在迭代求解中进一步获取更有针对性的梯度信息,而这将导致 RBM 有倾向

性地进行调整以更好地处理识别高错误类别。综上,本书提出采用 RBM 作为弱学习器,将 RBM 的输出(置信度)提供给 AdaBoost. M2 框架,以充分利用置信信息来迫使新一轮迭代中的 RBM 弱学习器聚焦于辨别难以区分的样本和类别。尽管该方法与串联型的深度模型同样都使用了多个 RBM 模型,但在该方法中每一个 RBM 弱学习器都是分别训练得到的,从而避免了深度模型训练中对样本数量的依赖。这一优点使得我们提出的算法非常适合于 OOC。这个新的算法我们称之为 RBM-AdaBoost,其具体流程可以概括如下:

算法 4.1　RBM-AdaBoost 分类算法

输入:数据集 S 和相应的类别标记集合 $L = \{l_1, l_2, \cdots, l_n\}$,标记的取值范围为 $C = \{1, 2, \cdots, c\}$,迭代次数 T,弱学习器 RBM。

输出:强假设 $h(v)$

(1) 对于 $i = 1, \cdots, n$,初始化训练样本分布 $D_i^1 = 1/n$,权重 $w_{i,l}^1 = D_i^1/(c-1)$,$l \in C - \{l_i\}$。

(2) 重复:对于 $t = 1, 2, \cdots, T$

　① 设置 $W_i^t = \sum_{l \neq l_i} w_{i,l}^t$ 并归一化 $q_{i,l}^t = w_{i,l}^t$ 和 $D_i^t = W_{i,l}^t / \sum_{i=1}^n W_i^t$;

　② 根据当前样本分布 $\boldsymbol{D}^t$,从原始数据集 S 构建训练子集训练新的 RBM 弱学习器,返回假设 h_i 和置信值 p_t;

　③ 根据式(4.14)计算伪损失:

$$\varepsilon_t = 0.5 \sum_{i=1}^n D_i^t \left[1 - p_t(\boldsymbol{v}_i, l_i) + \sum_{l \neq l_i} q_{i,l}^t p_t(\boldsymbol{v}_i, l) \right] \qquad (4.14)$$

　④ 设置 $\beta_t = \varepsilon_t/(1 - \varepsilon_t)$ 并更新权重 $w_{i,l}^{t+1} = w_{i,l}^t \beta_t^{0.5[1+p_t(\boldsymbol{v}_i, l_i)]}$。

(3) 最终获取强假设 $h(v) = \arg \max_{l \in C} \sum_{t=1}^T \log(1 - \beta_t) p_t(\boldsymbol{v}, l)$。

4.4　实验数据及其预处理

　　本章实验部分采用 NASA/JPL 研制的机载 AirSAR 系统获取的一景 L 波段 PolSAR 数据集验证和评估提出的新算法。该数据集视数为 4,影像大小为 750×1024 像素,成像区域位于荷兰 Flevoland,中心位置为 $52°19'53''$ N,

5°22′30″ E,获取时间是 1989 年。该数据的 Pauli-RGB 伪彩色图如图 4.5 所示,对应的地物类别调绘图如图 4.6 所示。从图中可以看出,成像地区地物种类丰富,主要包括草地、森林、裸土、水体以及 7 种不同的农作物。为了削减斑点噪声影响,预先用 Refined Lee 滤波进行了 PolSAR 数据的预处理。

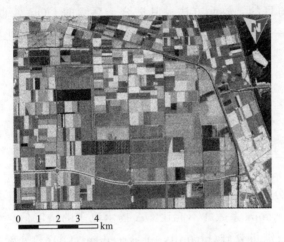

图 4.5　荷兰 Flevoland 地区 L 波段 AirSAR 数据 Pauli-RGB 合成图

茎豆	森林	土豆	苜蓿	小麦	裸土
甜菜	油菜籽	豌豆	草地	水体	

图 4.6　荷兰 Flevoland 实验区调绘类别参考图

在分类前需先将原始数据分割为局部同质区域,即图斑对象。在本书实验部分,采用了本书第 3 章提出的 PolSLIC 超像素分割算法完成此步骤。众所周知,多视 PolSAR 数据的极化相干矩阵(polarimetric coherence matrix,PCM)遵守 Wishart 分布。考虑到这一分布特性,PolSLIC 通过引入修正 Wishart 距离对原始的简单线性迭代聚类算法加以改进,同时达到克服斑点噪声效应和保持数据统计特性的目的。故此方法尤其适合于后续的 OOC 处理。经过分割操作,计算属于同一对象的所有像素 PCM 均值作为该对象的极化描述特征集。

4.5　实验结果分析

4.5.1　评价指标

在本节中,分类性能的优劣主要通过总体精度(overall accuracy,OA)来衡量。此外,由于 Kappa 系数并不能比 OA 揭示更多的精度信息(Pontius et al.,2011),本节使用定量分歧(quantity disagreement,QD)和分配分歧(allocation disagreement,AD)这两个测度代替 Kappa 系数作为 OA 指标的补充。在比较分类结果和调绘结果的基础上,QD 定义为由这两者间各类别像素比例的不完美匹配引起的数量差异;AD 定义为由这两者间各类别像素在空间分配上的不完美匹配引起的数量差异。Pontius 等(2011)对这两项指标进行了详细说明。

4.5.2　RBM 分类效果分析

一旦深度模型在顶层加入 Softmax 分类器并完成了参数微调整后,可以再移除最上面的 Softmax 层然后仅使用剩余部分作为特征提取器使用(Razavian et al.,2014)。因此为了算法评估的完整性,尝试用这种方式将 RBM 学习到的新特征输入给最近邻分类器(nearest neighbor,NN)。最近邻分类器本质上就是 k 近邻分类器(KNN)的一种特例(当 $k=1$ 时)。加入 Softmax 的 RBM 模型和基于 RBM 特征的 NN 分类器的分类精度如图 4.7 所示,其训练样本集是从全部分割对象中随机选取 10% 得到的,RBM 微调阶段进行了 1500 次迭代。显而易见,当隐含层单元数量大于 15 时,无论是 OA、QD 还是 AD 值都表现得非常优异和稳定。表 4.1 列出了上述两种分类方式的最优结果,后者的表现要优于前者,不过差距十分微小。

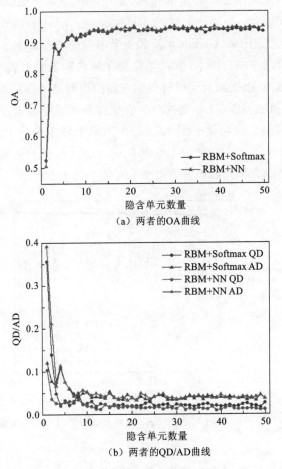

（a）两者的OA曲线

（b）两者的QD/AD曲线

图 4.7　加入 Softmax 的 RBM 分类模型和使用 RBM 特征
的 NN 分类模型的分类精度曲线

表 4.1　加入 Softmax 的 RBM 分类模型和使用 RBM 特征的 NN 分类模型最优精度

分类模型	隐含单元数量	OA /%	QD	AD
RBM＋Softmax	29	94.94	0.016 9	0.033 7
RBM＋NN	21	95.22	0.015 7	0.032 0

综合图 4.7 和表 4.1 可以看出：当隐含层单元数取 29 时，RBM 与 Softmax
组成的分类模型达到了其最佳精度。另外，当单元数大于 15 时各项精度指标变
得稳定。因此分别采用带有 15 和 29 个隐含单元的 RBM 模型作为弱学习器来

测试本书提出的集成模型。为简单起见,此项测试中每个 RBM 弱学习器的微调仅迭代 500 次。

图 4.8 展示了 RBM-AdaBoost 及其弱学习器的 OA 曲线。每轮迭代中,新的弱学习器将聚焦于困难样本,所以其自身在测试样本集上表现出的分类性能不一定很好。然而,由于综合了所有弱学习器的预测结果得到强假设预测类别,无论哪一个 RBM-AdaBoost 模型的分类表现都是非常令人满意的,其 OA 分别为 96.01% 和 96.15%,均优于图 4.7(a) 中的两个基于单一 RBM 模型的结果(OA 分别为 94.94% 和 95.22%)。RBM-AdaBoost 最优分类精度列于表 4.2。使用 15 和 29 个隐含单元的该分类模型 OA 值都优于 96%。

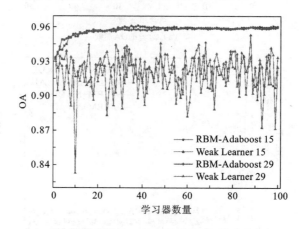

图 4.8　提出的 RBM-AdaBoost 模型及其弱学习器的 OA 曲线

表 4.2　含 15 和 29 个隐含单元的 RBM-AdaBoost 最优精度

隐含单元数量	学习器数量	OA /%	QD	AD
15	38	96.01	0.012 9	0.027 0
29	88	96.15	0.016 6	0.021 9

图 4.9 是本书提出方法的分类结果图,表 4.3 则给出了相应的混淆矩阵。表 4.3 中各类别名称采用缩写形式,表中所有类别和图 4.6 中的图例是完全对应的。可以看到,使用者精度(user's accuracy,UA)的范围从 89.2% 到 100%,生产者精度(producer's accuracy,PA)的范围从 87% 到 99.1%,都证明了本书方法的有效性。此外,值得一提的是虽然使用 29 个隐含单元的模型比使用 15 个单元的模型得到了更高的分类精度,但提升并不大。因此考虑到前者(88 个

弱学习器)比之后者(38 个弱学习器)需要更多弱学习器才能达到最佳效果,在实际应用中建议使用相对较少的隐含单元。

图 4.9 基于提出的 RBM-AdaBoost 算法生成的分类图(29 个隐含单元)

表 4.3 RBM-AdaBoost 分类混淆矩阵(29 个隐含单元)

	茎豆	森林	土豆	苜蓿	小麦	裸土	甜菜	油菜籽	豌豆	草地	水体	生产者精度
茎豆	195	6	0	2	0	0	0	0	0	0	0	0.961
森林	2	290	19	0	0	0	1	0	1	0	0	0.927
土豆	0	13	629	0	0	0	0	0	0	0	0	0.980
苜蓿	0	0	0	230	2	0	0	0	0	0	0	0.991
小麦	0	0	0	0	956	0	0	23	0	0	0	0.977
裸土	0	0	0	0	2	138	1	5	0	0	0	0.945
甜菜	1	4	5	0	0	0	230	3	0	0	0	0.947
油菜籽	0	1	0	0	10	0	0	330	2	0	1	0.959
豌豆	0	1	3	0	0	0	0	9	178	0	0	0.932
草地	0	0	0	17	0	0	0	0	0	114	0	0.870
水体	0	0	0	0	2	1	0	0	0	0	132	0.978
使用者精度	0.985	0.921	0.959	0.924	0.984	0.993	0.991	0.892	0.983	1.000	0.993	0.962

另一方面,当堆叠 RBM 模型用于 OOC 时,模型参数的数量将随层数增加而快速增长,但却往往得不到充分训练。这就是表 4.4 中列出的堆叠 RBM 模

型分类精度很不稳定,甚至还会下降的主要原因。从表 4.4 可知,堆叠了两层或三层 RBM 的深度模型在 OOC 处理中的表现甚至比单层 RBM 模型更差。综上,可以发现本书提出的方法是要优于 RBM 和堆叠 RBM 模型的。

表 4.4　堆叠 RBM 模型精度结果

堆叠层数	OA /%	QD	AD
1	94.94	0.016 9	0.033 7
2	92.39	0.035 7	0.040 5
3	92.53	0.030 9	0.043 8

4.5.3　与其他方法的比较

为了进一步评价本书提出的分类算法在实验数据集上的分类表现,选取了几个常用分类器以供比较,包括最小距离分类器(minimum distance,MD)、NN 分类器、Wishart 分类器、RF 分类器和 RBM-Bagging 分类器。这些对比方法中,MD 和 NN 早已广泛应用于遥感影像分类,尤其后者还作为 OOC 处理功能集成在 eCognition 软件中;Wishart 分类则是 PolSAR 领域的传统方法;RF 是近年刚引入到 PolSAR 处理的热点方法之一,且和本书方法相似,RF 同样属于集成学习类算法。此外,为了对比评估的完备性,采用和本书提出的 RBM-AdaBoost 算法相同的思想,给出结合了 RBM 和 bagging 集成框架的分类算法 RBM-Bagging。实验中我们同样采用含 15 和 29 个隐含单元的 RBM 作为 RBM-Bagging 的弱学习器。

所有对比方法的最佳分类结果如图 4.10 所示,对应的分类精度如表 4.5 所示。对比图 4.6 可以看出,5 种算法中 MD 和 Wishart 算法分类效果较差,另外三种算法分类效果较好,其中精度最高的是 RBM-Bagging,其 OA、QD、AD 值分别为 95.9%、0.014 9 和 0.026 1,其整体表现好于原始的 RBM 模型。然而对比图 4.9 和表 4.3,可看出本书提出的 RBM-AdaBoost 算法仍然要优于 RBM-Bagging 算法,主要原因是 bagging 集成框架在为每一轮弱学习器抽样建立训练子集时是平等对待所有样本的,这种做法仅仅是通过多次分类投票来提高准确性;而 AdaBoost 则会基于上一轮分类结果调整抽样情况,逐步增加困难样本出现的频率,以此迫使后续弱学习器改进对困难样本的识别性能。

（a）最小距离分类器

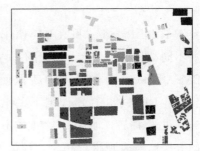

（b）近邻分类器

（c）Wishart 分类器

（d）随机森林分类器

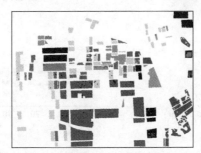

（e）RBM-Bagging 分类器

图 4.10　5 种对比方法的分类结果图

表 4.5　5 种对比方法分类精度计算结果

分类器	OA /%	QD	AD
MD	79.63	0.147 8	0.055 9
NN	90.84	0.024 7	0.066 9
Wishart	86.09	0.094 1	0.045 0
RF	95.05	0.008 1	0.041 3
RBM-Bagging	95.90	0.014 9	0.026 1

　　鉴于 RBM-Bagging 和 RBM-AdaBoost 采用了相似的思路,仅仅是集成框架有所不同,图 4.11 展示了采用不同数量的 RBM 弱分类器的 RBM-Bagging 和 RBM-AdaBoost 分类精度曲线以便进一步对两者进行比较。除了 RBM-Bagging 和 RBM-AdaBoost,剩下的 4 种方法中 RF 结果最优,OA 达到了 95.05%(见表 4.5)。而从图 4.11 中不难发现,当弱分类器数量大于 7 时,本章提出的方法已经表现得很稳定,且优于 RF 结果;RBM-Bagging 也有类似的表现,但出现在弱分类器数量大于 11 时。这一点证实了 RBM-AdaBoost 是要优于 RBM-Bagging 的。

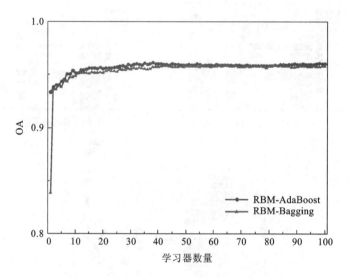

图 4.11　两种基于 RBM 的集成模型分类精度曲线

　　另外,在表 4.6 中列出了各分类器的运行时间。本章使用的方法中,大部分采用 Matlab 平台实现,其中 NN 算法直接调用了 Matlab 自带的分类函数,MD、Wishart、RBM-Bagging 以及提出的 RBM-AdaBoost 均为作者编程实现。而对于 RF 分类器则直接采用了可以公开获取的 C/C++代码。虽然算法的实现方式略有差别(主要是 RF),但从其运行时间上仍可看出 RBM-Bagging 和 RBM-AdaBoost 比之其他方法需要运行更长的时间。其原因在于它们都是采用循环迭代的方式训练求解模型参数。然而这里有两点值得一提。

表 4.6　分类算法执行时间

分类器	耗时/s
MD	0.099 7
NN	0.038 3
Wishart	0.688 8
RF	0.216 1
RBM-Bagging	20.898
RBM-AdaBoost	13.004

（1）根据图 4.11 可知，RBM-AdaBoost 可以比 RBM-Bagging 更早达到较高的分类精度，因此在表 4.6 记录的运行时间中，前者比后者使用了更少的弱分类器，故前者所需的执行时间少于后者。

（2）众所周知，深度模块的训练较为耗时，因此往往需要采用 GPU 并行处理技术来减少时间开销。由于本章的焦点仅在于如何减少对对象监督样本数量的依赖，算法实现中还未采用 GPU 加速处理，这也是后续研究中需要改进的地方。一旦使用了 GPU 加速，本章方法的执行效率将大大提高。

4.6　实　验　结　论

近些年来，随着数据量的爆炸式增长，深度模型在辨认复杂目标和场景方面展现出巨大的优势。可一旦在 PolSAR 影像分类中考虑局部同质区域作为处理单元而非像素时，非常有限的训练样本并不足以支撑深度模型的充分训练。因此，本章采用集成学习框架代替串联型的深度学习框架，将 RBM 作为基本模块建立一系列弱学习器，并以此提出了 RBM-AdaBoost 算法。为了验证该算法的有效性，利用 AirSAR L 波段全极化 SAR 数据进行分类实验，得到如下结论。

（1）当隐含层单元数量大于 15 时，RBM 算法各项分类精度指标变的非常优异和稳定。当隐含层单元数取 29 时，RBM 与 Softmax 组成的分类模型达到了其最佳精度。

（2）虽然使用 29 个隐含单元的模型比使用 15 个单元的模型得到了更高的分类精度，但提升并不大。考虑到前者（88 个弱学习器）比之后者（38 个弱学习器)需要更多弱学习器才能达到最佳效果,因此在实际应用中使用相对较少的隐含单元即可。

(3)该方法以 RBM 作为弱学习器,通过集成学习框架来综合多个 RBM 识别结果加强对对象类别的预测。因此,相比于原始的 RBM 模型,本章提出的 RBM-AdaBoost 算法可以进一步提升分类表现。

(4)该方法能够充分利用分割对象的极化信息,得到优于标准 RBM、堆叠 RBM 以及其他常用 OOC 方法的分类精度。

(5)该方法与有相似思路的 RBM-Bagging 算法相比可以用更少的弱分类器获取更好的分类表现。

(6)虽然 RBM-AdaBoost 算法分类精度较高,但其执行效率较低,在后续工作中仍需要进一步改进。

4.7 本章小结

本章首先介绍了 Wishart 分类器和随机森林两种常用的极化 SAR 影像分类算法,然后介绍了 Bagging、Boosting 等集成学习算法的基本思想,之后将 RBM 算法和 AdaBoost 框架结合提出了 RBM-AdaBoost 分类算法,并将该算法用于面向对象的极化 SAR 影像分类,最后通过机载 L 波段数据进行分类实验,证明所提出的算法的分类精度优于常规的 RBM 算法以及极化 SAR 领域常用的 OOC 方法。

参 考 文 献

安健,2014.基于极化合成孔径雷达图像分类算法研究.成都:电子科技大学.

安成锦,辛玉林,陈曾平,2011.基于改进 ROEWA 算子的 SAR 图像边缘检测方法.中国图象
　　图形学报,16(8):1483-1488.

曹芳,洪文,吴一戎,2008.基于 Cloude-Pottier 目标分解和聚合的层次聚类算法研究.电子学
　　报,36(3):543-546.

陈嘉华,2015.基于深度学习的英语语音识别与发音质量评价.广州:广州外语外贸大学.

陈彦至,黄永锋,2009.Ncut 在图像分割中的应.计算机技术与发展,19(1):228-230.

杜政,方耀,2017.结合随机森林的高分一号分类最优组合研究.地理空间信息(2):15-18,9.

冯琦,2012.基于 SVM 的多时相极化 SAR 影像土地覆盖分类方法研究.北京:中国林业科学
　　研究院.

高娜,2014.基于超像素谱聚类的图像分割方法.西安:陕西师范大学.

黄赛金,2016.基于谱哈希的分布式近邻存储方法的设计与实现.南京:南京邮电大学.

景晓军,李剑峰,刘郁林,2003.一种基于三维最大类间方差的图像分割算法.电子学报,31
　　(9):1281-1285.

郎丰铠,2014.极化 SAR 影像滤波及分割方法研究.武汉:武汉大学.

郎丰铠,杨杰,赵伶俐,等,2012.基于 Freeman 散射熵和各向异性度的极化 SAR 影像分类算
　　法研究.测绘学报,41(4):556-562.

李杰,2013.基于 Adaboost 和 LDP 改进算法的人脸检测与识别研究.苏州:苏州大学.

李俊英,2011.谱聚类方法在图像分割中的应用研究.西安:陕西师范大学.

廖露,2015.机载 SAR 系统极化定标方法的优化研究.武汉:武汉大学.

林卉,刘培,杜培军,等,2012.基于改进型统计区域增长的遥感图像分割.计算机工程与应用,
　　48(18):159-163.

林雨,2016.极限学习机与自动编码器的融合算法研究.长春:吉林大学.

刘健庄,栗文青,1993.灰度图象的二维 Otsu 自动阈值分割法.自动化学报,19(1):101-105.

邱双双,2014.基于核模糊 c-均值聚类与阈值分割的 SAR 影像分割算法.科技创新与应用
　　(35):15-15.

王超,张红,陈曦,等,2008.全极化合成孔径雷达图像处理.北京:科学出版社.

王春瑶,陈俊周,李炜,2014.超像素分割算法研究综述.计算机应用研究,31(1):6-12.

吴永辉,2007.极化 SAR 图像分类技术研究.长沙:国防科技大学.

巫兆聪,欧阳群东,胡忠文,2012.应用分水岭变换与支持向量机的极化 SAR 图像分.武汉大
　　学学报(信息科学版),37(1):7-10.

席秋波,2010.基于 Ncut 的图像分割算法研究.成都:电子科技大学.

奚雪峰,周国栋,2014. 基于 Deep Learning 的代词指代消解. 北京大学学报(自然科学版)(1):
　　100-110.

徐建华,1992. 图像处理与分析. 北京:科学出版社.

杨力,2014. 基于多摄像机区域匹配和 Adaboost 算法的运动人头检测. 南京:南京工业大学.

杨杰,郎丰铠,李德仁,2011. 一种利用 Cloude-Pottier 分解和极化白化滤波的全极化 SAR 影
　　像分类算法. 武汉大学学报信息科学版,36(1):104-107.

杨杰,赵伶俐,李平湘,等,2012a. 基于规范化圆极化相关系数的极化 SAR 影像分类. 武汉大
　　学学报信息科学版,37(8):911-914.

杨杰,赵伶俐,史磊,等,2012b. 基于最优极化相干系数的倾斜建筑物解译研究. 测绘学报,41
　　(4):577-583.

杨新,2008. 极化 SAR 图像的分割和分类算法研究. 成都:电子科技大学.

余言勋,2014. 基于 Adaboost 算法的人脸检测与识别技术研究. 扬州:扬州大学.

张杰,2012. 极化 SAR 影像的分割. 青岛:山东科技大学.

赵磊,2014. 基于谱图分割的极化 SAR 影像面向对象分类方法研究. 北京:中国林业科学研
　　究院.

赵磊,陈尔学,李增元,等,2015. 基于均值漂移和谱图分割的极化 SAR 影像分割方法及其评
　　价. 武汉大学学报(信息科学版),40(8):1061-1068.

赵亚娜,2013. 基于图论的视频图像人脸识别. 天津:河北工业大学.

周晓光,2008. 极化 SAR 图像分类方法研究. 长沙:国防科技大学.

朱腾,余洁,李小娟,等,2015. 基于超像素与 Span-Pauli 分解的 SAR 影像分类. 华中科技大学
　　学报(自然科学版),43(7):77-81.

庄钊文,1999. 雷达极化信息处理与应用. 北京:国防工业出版社.

邹鹏飞,李震,田帮森,2014. 高分辨率极化 SAR 图像水平集分割. 中国图象图形学报,19
　　(12):1829-1835.

ACHANTA R,SHAJI A,SMITH K,et al.,2010. SLIC superpixels. EPFL.

ACHANTA R,SHAJI A,SMITH K,et al.,2012. SLIC superpixels compared to state-of-the-
　　art superpixel methods. IEEE Transactions on Pattern Analysis & Machine Intelligence,34
　　(11):2274-2282.

BEAULIEU J, TOUZI R, 2004. Segmentation of textured polarimetric SAR scenes by
　　likelihood approximation. IEEE Transactions on Geoscience and Remote Sensing,42(10):
　　2063-2072.

BEAULIEU J, TOUZI R, 2010. Mean-shift and hierarchical clustering for textured
　　polarimetric SAR image segmentation/classification. 2010 IEEE International Geoscience
　　and Remote Sensing Symposium (IGARSS),Honolulu,HI.

BLASCHKE T, 2010. Object based image analysis for remote sensing. Journal of
　　Photogrammetry and Remote Sensing (ISPRS),65(1):2-16.

BLASCHKE T, HAY G, KELLY M, et al., 2014. Geographic object-based image analysis-towards a new paradigm. ISPRS Journal of Photogrammetry and Remote Sensing, 87: 180-191.

BREIMAN L, 2001. Random forests . Machine Learning, 45(1): 5-32.

CAMERON W, LEUNG L, 1990. Feature motivated polarization scatteringmatrix decomposition. Recordof the IEEE 1990 International Radar Conference, Arlington, VA, USA, 7-10 May.

CANNY J, 1983. Finding edges and lines in images. Cambridge: Massachusetts Institute of Technology.

CANNY J, 1986. A computational approach to edge detection. IEEE Transactions on Pattern Analysis & Machine Intelligence, PAMI-8(6): 679-698.

CAO F, HONG W, 2007a. An Unsupervised segmentation with an adaptive number of clusters using the SPAN/H/α/A Space and the complex Wishart clustering for fully polarimetric SAR data analysis. IEEE Transactions on Geoscience & Remote Sensing, 45 (11): 3454-3467.

CAO F, HONG W, WU Y, 2007b. SPAN / H / a / A initialization for fully polarimetric SAR data analysis. Asia Pacific Microwave Conference 2007 (APMC 2007), Bangkok, Thailand, 11-14 December.

CASELLES V, CATT F, COLL T, et al., 1993. A geometric model for active contours in image processing. Numerische Mathematik, 66(1): 1-31.

CHAN T, VESE L, 2001. Active contours without edges. IEEE Transactions on Image Processing A Publication of the IEEE Signal Processing Society, 10(2): 266-277.

CHEN K, HUANG W, TSAY D, et al., 1996. Classification of multifrequency polarimetric SAR imagery using a dynamic learning neural network. IEEE Transactions on Geoscience and Remote Sensing, 34(3): 814-820.

CHENG X, HUANG W, GONG J, 2014, An unsupervised scattering mechanism classification method for PolSAR images. IEEE Geoscience and Remote Sensing Letters, 11 (10): 1677-1681.

CHENG Y, 1995. Mean shift, mode seeking, and clustering. IEEE Transactions on Pattern Analysis & Machine Intelligence, 17(8): 790-799.

CLOUDE S, POTTIER E, 1996. A review of target decomposition theorems in radar polarimetry. IEEE Trans. Geosci. Remote Sensing, 34(2): 498-518.

CLOUDE S, POTTIER E, 1997a. An entropy based classification scheme for land applications of polarimetric SAR. IEEE Transactions on Geoscience and Remote Sensing, 35(1): 68-78.

CLOUDE S, POTTIER E, 1997b. Application of the H/A/alpha polarimetric decomposition theorem for land classification. Proceedind of SPIE, 3120: 132-143.

COMANICIU D, MEER P, 1999. Mean shift analysis and applications. IEEE International Conference on Computer Vision (ICCV 1999), Kerkyra, Corfu, Greece, 20-25 September.

COMANICIU D, RAMESH V, MEER P, 2000. Real-time tracking of non-rigidobjects using mean shift. IEEE Conference on Computer Vision and Pattern Recognition (CVPR 2000), Hilton Hilton Head, South Carolina, USA, 13-15 June.

COMANICIU D, RAMESH V, MEER P, 2001. The variable bandwidth mean shift and data-driven scale selection. Eighth IEEE International Conference on Computer Vision (ICCV 2001), Vancouver, British Columbia, Canada, 7-14 July.

COMANICIU D, MEER P, 2002. Mean shift: A robust approach toward feature space analysis. IEEE Transactions on Pattern Analysis and Machine Intelligence, 4(5): 603-619.

CONRADSEN K, NIELSEN A, 2003. A test statistic in the complex Wishart distribution and its application to change detection in polarimetric SAR data. IEEE Transactions on Geoscience and Remote Sensing, 2003, 41(1): 4-19.

DONG Y, MILNE A, FORSTER B, 2001. Segmentation and classification of vegetated areas using polarimetric SAR image data. IEEE Transactions on Geoscience & Remote Sensing, 39(2): 321-329.

ERSAHIN K, CUMMING I, WARD R, 2007. Segmentation of polarimetric SAR data using contour information via spectral graph partitioning. 2007 IEEE International Geoscience and Remote Sensing Symposium (IGARSS 2007), Barcelona.

ERSAHIN K, CUMMING I, WARD R, 2010. Segmentation and classification of polarimetric SAR data using spectral graph partitioning. IEEE Transactions on Geoscience and Remote Sensing, 48(1): 164-174.

FELZENSWALB P, HUTTENLOCHER D, 2004. Efficient graph-basedimage segmentation. International Journal of Computer Vision, 59(2): 167-181.

FISCHER A, IGEL C, 2012. An introduction to restricted Boltzmann machines. Progress in Pattern Recognition, Image Analysis, Computer Vision, and Applications (CIARP 2012), 7441: 14-36.

FREEMAN A, DURDEN S, 1998. A three-component scattering model for polarimetric SAR data. IEEE Transactions on Geoscience and Remote Sensing, 36(3): 963-973.

FREITAS C, FRERY A, CORREIA A, 2005. The polarimetric G distribution for SAR data analysis. Environmentrics, 16(1): 13-31.

FRERY A, CORREIA A, FREITAS C, 2006. Multifrequency full polarimetric SAR classification with multiple sources of statistical evidence. 2006 IEEE International Geoscience and Remote Sensing Symposium (IGARSS), Denver, Colorado, USA, 31 July-4 August.

FRERY A, BERLLES J, GAMBINI J, et al., 2012. Polarimetric SAR image segmentation with

B-splines and a new statistical model. Multidimensional Systems & Signal Processing, 21(4):319-342.

FREUND Y,SCHAPIRE R,1996. Experiments with a new boosting algorithm. Proceedings of the Thirteenth International Conference on Machine Learning,148-156.

FUKUNAGA K,HOSTETLER L,1975. The estimation of the gradient of a density function, with applications in pattern recognition. IEEE Transactions on Information Theory,21(1): 32-40.

GONG J, LI L Y, CHEN W, 1998. Fast recursive algorithms for two-dimensional thresholding. Pattern Recognition,31(3):295-300.

GUISSARD A, 1994. Mueller and Kennaugh Matrices in Radar Polarimetry. IEEE Transactions on Geoscience and Remote Sensing,32(3):590-597.

HAMAD D, BIELA P, 2008. Introduction to spectral clustering. Third International Conference on Information and Communication Technologies:From Theory to Applications (ICTTA 2008),Damascus,Syria,7-11 April.

HINTON G,2002. Training products of experts by minimizing contrastive divergence. Neural Computation,14(8):1771-1800.

HINTON G,2010. A practical guide to training restricted Boltzmann machines. Momentum,9 (1):926.

HOLM W, BARNES R, 1988. On radar polarization mixed target state decomposition techniques. IEEE National Radar Conference,20-21 April.

HUANG L,LI Z,TIAN B,et al.,2011. Classification and snow line detection for glacial areas using the polarimetric SAR image. Remote Sensing of Environment,115(7):1721-1732.

HUYNEN J,1970. Phenomenological theory of radar targets. Rotterdam:Drukkerij Bronder- Offset N. V.

ISMAIL B, AMAR M, ZIAD B, 2006. Polarimetric image segmentation via maximum- likelihood approximation and efficient multiphase level-sets. IEEE Transactions on Pattern Analysis & Machine Intelligence,28(9):1493-1500.

JIN H, MOUNTRAKIS G, STEHMAN S, 2014. Assessing integration of intensity, polarimetric scattering,interferometric coherence and spatial texture metrics in PALSAR- derived land cover classification. ISPRS Journal of Photogrammetry and Remote Sensing, 98:70-84.

KAPUR J,SAHOO P,WONG A,1985. A new method for gray-level picture thresholding using the entropy of the histogram. Computer Vision,Graphics,and Image Processing,29 (3):273-285.

KERSTEN P,AINSWORTH T,2005. Unsupervised classification of polarimetric synthetic aperture Radar images using fuzzy clustering and EM clustering. IEEE Transactions on

Geoscience and Remote Sensing,43(3):519-527.

KIMIA B,TANNENBAUM A,ZUCKER S,1995. Shapes,shocks,and deformations I: The components of two-dimensional shape and the reaction-diffusion space. International Journal of Computer Vision,15(3):189-224.

KITTLER J,ILLINGWORTH J,1986. Minimum error thresholding. Pattern Recognition,19 (1):41-47.

KONG J, SWARTZ A, YUEH H, et al., 1988. Identification of terrain cover using the optimum polarimetric classifier. Journal of Electromagnetic Waves & Applications,2(2): 171-194.

KROGAGER E,1993. Aspects of polarimetric radar target imaging. Denmark: Technical University of Denmark.

KROGAGER E,CZYZ Z,1995. Properties of the sphere,diplane,and helix decomposition. Third International Workshop on RadarPolarimetry,IRESTE,University of Nantes,France.

KROGAGER E,BOEMER W,MADSEN S,1997. Feature-motivated Sinclair matrix (sphere/ diplane/helix) decomposition and its application to target sorting for land feature classification. Conference on Wideband Interferometric Sensing and Imaging Polarimetry, San Diego,CA,USA,27 July.

LANG F,YANG J,ZHAO L,et al. 2012. Hierarshical classification of polarimetric SAR image based on statistical region merging. International Society for Photogrammetry and Remote Sensing (ISPRS),I-7:147-152.

LANG F,YANG J,LI D,et al.,2014a. Mean-shift-based speckle filtering of polarimetric SAR data. IEEE Transactions on Geoscience and Remote Sensing,52(7):4440-4454.

LANG F,YANG J,LI D,et al.,2014b. Polarimetric SAR image segmentation using statistical region merging. IEEE Geoscience & Remote Sensing Letters,11(2):509-513.

LARDEUX C,FRISON P,TISON C,et al.,2009. Support vector machine for multifrequency SAR polarimetric data classification. IEEE Transactions on Geoscience and Remote Sensing, 47(12):4143-4152.

LEE J,GRUNES M,KWOK R,1994a. Classification of multi-look polarimetric SAR imagery based on complex Wishart distribution. International Journal of Remote Sensing,15(11): 2299-2311.

LEE J, HOPPEL K, MANGO S, et al., 1994b. Intensity and phase statistics of multilook polarimetric and interferometric SAR imagery. IEEE Transactions on Geoscience and Remote Sensing,32(5):1017-1028.

LEE J, GRUNES M, AINSWORTH T, et al., 1999a. Unsupervised classification using polarimetric decomposition and the complex Wishart classifier. IEEE Transactions on Geoscience and Remote Sensing,37(5):2249-2258.

LEE J, GRUNES M, DE GRANDI G, 1999b. Polarimetric SAR speckle filtering and its implication for classification. IEEE Transactions on Geoscience and Remote Sensing, 37(5): 2363-2373.

LEE J, GRUNES M, POTTIER E, et al., 2004. Unsupervised terrain classification preserving polarimetric scattering characteristics. IEEE Transactions on Geoscience and Remote Sensing, 42(4): 722-731.

LEE J, POTTIER E, 2009. Polarimetric radar imaging: From basic to application. Boca Raton; London; New York: CRC Press.

LEUNG T, MALIK J, 1998. Contour continuity in region-based image segmentation. Fifth European Conference on Computer Vision (ECCV 1998), Freiburg, Germany, 02-06 June.

LEVINSHTEIN A, STERE A, KUTULAKOS K N, et al., 2009. Turbopixels: fast superpixels using geometric flows IEEE Transactions on Pattern Analysis and Machine Intelligence, 31 (12): 2290-2297.

LI C, XU C, GUI C, et al., 2005. Level set evolution without re-initialization: A new variational formulation. 2005 IEEE Computer Society Conference on Computer Vision and Pattern Recognition (CVPR 2005), San Diego, California.

LI H, GU H, HAN Y, et al., 2008. Object-oriented classification of polarimetric SAR imagery based on statistical region merging and support vector machine. 2008 International Workshop on Earth Observation and Remote Sensing Applications (EORSA 2008), Beijing.

LIU B, HU H, WANG H, et al., 2013. Superpixel-Based Classification with an Adaptive Number of Classes for Polarimetric SAR Images. IEEE Transactions on Geoscience and Remote Sensing, 51(2): 907-924.

LIU M, TUZEL O, RAMALINGAM S, et al., 2011. Entropy rate superpixel segmentation. IEEE Conference on Computer Vision and Pattern Recognition (CVPR 2011), USA, 20-25 June.

LV Q, DOU Y, NIU X, et al., 2015. Urban land use and land cover classification using remotely sensed SAR data through deep belief networks. Journal of Sensors, 1-10.

MAGHSOUDI Y, COLLINS M, LECKIE D, 2013. Radarsat-2 polarimetric SAR data for boreal forest classification using SVM and a wrapper feature selector. IEEE Journal of Selected Topics in Applied Earth Observations and Remote Sensing, 6(3): 1531-1538.

MALIK J, BELONGIE S, LEUNG T, et al., 2001. Contour and texture analysis for image segmentation. International Journal of Computer Vision, 43(1): 7-27.

MALLADI R, SETHIAN J, VEMURI B, 1995. Shape modeling with front propagation: A level set approach. IEEE Transactions on Pattern Analysis & Machine Intelligence, 17 (2): 158-175.

MALLAT S, ZHONG S, 1992. Characterization of signals from multiscale edges. IEEE

Transactions on Pattern Analysis &. Machine Intelligence,14(7):710-732.

MOHAMED A,DAHL G,HINTON G,2012. Acoustic modeling using deep belief networks. IEEE Transactions on Audio,Speech,and Language Processing,20(1):14-22.

MOORE A,PRINCE S,WARRELL J,et al.,2008. Superpixel lattices. IEEE Conference on Computer Vision and Pattern Recognition (CVPR 2008) ,Anchorage,Alaska,23-28 June.

MOUNTRAKIS G, IM J, OGOLE C, 2011. Support vector machines in remote sensing: A review. Journal of Photogrammetry and Remote Sensing (ISPRS),66(3):247-259.

NIU X,BAN Y,2013. Multi-temporal RADARSAT-2 polarimetric SAR data for urban land-cover classification using an object-based support vector machine and a rule-based approach. International Journal of Remote Sensing,34(1):1-26.

NOVAK L,SECHTIN M,CARDULLO M,1989. Studies of target detection algorithms that use polarimetric radar data. IEEE Transactions on Aerospace and Electronic Systems,25 (2):150-165.

OSHER S,SETHIAN J,1988. Fronts propagating with curvature-dependent speed:algorithms based on Hamilton-Jacobi formulations. Journal of Computational Physics,79(1):12-49.

OTSU N,1979. A threshold selection method from gray-level histograms. IEEE Transactions on,Systems,Man and Cybernetics,9(1):62-66.

PAPAMARKOS N,GATOS B,1994. A new approach for multilevel threshold selection. Cvgip Graphical Models and Image Processing,56(5):357-370.

POELMAN A, GUY J, 1985. Polarization information utilization in primary radar: an introduction and up-date to activities at SHAPE technical centre. Mathematical and Physical Sciences,143:521-572.

PONTIUS R, MILLONES M, 2011. Death to kappa: Birth of quantity disagreement and allocation disagreement for accuracy assessment. International Journal of Remote Sensing,32 (15):4407-4429.

POTTIER E, SAILARD J, 1991. On radar polarization target decomposition theorems with application to target classification by using network method. Seventh International Conference on Antennas and Propagation (ICAP 1991), University of York, UK, 15-18 April.

POTTIER E,CLOUDE S,1995. Unsupervized classification of full polarimetric SAR data and feature vectors identificatlon using radar target decomposition theorems and entropy analysis. IEEE International Geoscience and Remote Sensing Symposium: Quantitative Remote Sensing for Science and Applications(IGARSS 1995),Congress Center,Firenze, Italy,10-14 July.

POTTIER E,CLOUDE S,1997. Application of the H/A/Alpha polarimetric decomposition theorem for land classification. The International Society for Optical Engineering,3120:132-

143.

POTTIER E,LEE J,1999. Application of the H/A/Alhpa polarimetric decomposition theorem for unsupervised classification of fully polarimetric SAR data based on the Wishart distribution. CEOS SAR Workshop,Toulose,France,26-29 October.

QI Z,YEH A,LI X,et al.,2012. A novel algorithm for land use and land cover classification using RADARSAT-2 polarimetric SAR data. Remote Sensing of Environment,118:21-39.

QIN A,CLAUSI D,2010. Multivariate image segmentation using semantic region growing with adaptive edge penalty. IEEE Transactions on Image Processing,19(8):2157-2170.

QIN F,GUO J,LANG F,2015. Superpixel segmentation for polarimetric SAR imagery using local iterative clustering. IEEE Geoscience and Remote Sensing Letters,12(1):13-17.

RAZAVIAN A,AZIZPOUR H,SULLIVAN J,et al.,2014. CNN features off-the-shelf: An astounding baseline for recognition. IEEE Conference on Computer Vision and Pattern Recognition (CVPR) Workshops,806-813.

REN X,MALIK J,2003. Learning a classification model for segmentation. Proceedings of the IEEE International Conference on Computer Vision. Washington DC,USA:IEEE,10-17.

RICHARD N, FRANK N, 2004. Statistical region merging. IEEE Transactions on Pattern Analysis & Machine Intelligence,26(11):1452-1458.

SALEMBIER P,FOUCHER S,MARTINEZ C,2014. Low-level processing of PolSAR images with binary partition trees. 2014 IEEE International Geoscience and Remote Sensing Symposium (IGARSS),Quebec City,QC.

SAMBODO K,MURNI A,KARTASASMITA M,2001. Classification of polarimetric-SAR data with neural network using combined features. International Journal of Remote Sensing and Earth Science,4.

SCHOU J,SKRIVER H,NIELSEN A,et al.,2003. CFAR edge detector for polarimetric SAR images. IEEE Transactions on Geoscience and Remote Sensing,41(1):20-32.

SHI J, MALIK J, 2000. Normalized cuts and image segmentation. IEEE Transactions on Pattern Analysis and Machine Intelligence,22(8):888-905.

SHI L,ZHANG L,YANG J,et al.,2013. Supervised graph embedding for polarimetric SAR image classification. IEEE Geoscience and Remote Sensing Letters,10(2):216-220.

SHIMONI M,BORGHYS D,HEREMANS R,et al.,2009. Fusion of PolSAR and PolInSAR data for land cover classification. International Journal of Applied Earth Observation and Geoinformation,11(3):169-180.

SMOLENSKY P,1986. Chapter 6:Information Processing in Dynamical Systems:Foundations of Harmony Theory. Cambridge:MIT Press.

SUN W,SHI L,YANG J,et al.,2016. Building collapse assessment in urban areas using texture information from postevent SAR data. IEEE Journal of Selected Topics in Applied

Earth Observations and Remote Sensing,9(8):3792-3808.

TOKARCZYK P,WEGNER J,WALK S,et al.,2015. Features,color spaces,and boosting: New insights on semantic classification of remote sensing images. IEEE Transactions on Geoscience and Remote Sensing,53(1):280-295.

TOUZI R,CHARBONNEAU F,2002a. Characterization of target symmetric scattering using polarimetric SAR. IEEE Transactions on Geoscience and Remote Sensing, 40 (11): 2507-2516.

TOUZI R,CHARBONNEAU F,2002b. The SSCM: An Adaptation of Cameron's Target Decomposition to Actual Calibration SAR Requirements. CEOS Working Group on Calibration/Validation SAR workshop,London,United Kingom,24-26 September.

TOUZI R,BOERNER W,LEE J,et al.,2004. A review of polarimetry in the context of synthetic aperture radar:Concepts and information extraction. Canadian Journal of Remote Sensing,30(3):380-407.

TU S,CHEN J,YANG W,et al.,2012. Laplacian eigenmaps-based polarimetric dimensionality reduction for SAR image classification. IEEE Transactions on Geoscience and Remote Sensing,50(1):170-179.

VAN ZYL J,1989. Unsupervised classification of scattering behavior using radar polarimetry data. IEEE Transactions on Geoscience and Remote Sensing,27(1):36-45.

VASILE G,OVARLEZ J,PASCAL F,et al.,2008. Normalized coherency matrix estimation under the SIRV model. Alpine glacier PolSAR data analysis. 2008 IEEE International Geoscience and Remote Sensing Symposium (IGARSS),Boston,USA,7-11 July,74-77.

VASILE G, OVARLEZ J, PASCAL F, et al., 2010. Coherency matrix estimation of heterogeneous clutter in high-resolution polarimetric SAR images. IEEE Transactions on Geoscience and Remote Sensing,48(4):1809-1826.

VEDALDI A,SOATTO S,2008. Quick shift and kernel methods for modeseeking. Computer Vision. Berlin:Springer-Verlag,705-718.

VEKSLER O,BOYKOV Y,MEHRANI P,2010. Superpixels and supervoxels in an energy optimization framework. 11th European Conference onComputer Vision (ECCV 2010), Hersonissos,Hersklion,Crete,Greeece,5-11 September.

VEMURI B,CHEN Y,2003. Joint image registration and segmentation. New York:Springer.

VINCENT L,SOILLE P,1991. Watersheds in digital spaces:an efficientalgorithm based on immersion simulations. IEEE Transaction on Pattern Analysis and Machine Intelligence,13 (6):583-598.

WANG S,LIU K,PEI J,et al.,2013. Unsupervised classification of fully polarimetric SAR images based on scattering power entropy and copolarized ratio. IEEE Geoscience and Remote Sensing Letters,10(3):622-626.

WANG Y,HAN C,2010. PolSAR image segmentation by mean shift clustering in the tensor space. Acta Automatica Sinica,36(6):798-806.

WU Y,JI K,YU W,et al.,2008. Region-based classification of polarimetric SAR images using Wishart MRF. IEEE Geoscience & Remote Sensing Letters,5(4):668-672.

WU Z,LEAHY R,1993. An optimalgraph theoretic approach to dataclustering:Theory and its application to image segmentation. IEEE Transactions on Pattern Analysis and Machine Intelligence,15 (11):1101-1113.

XU N, AHUJA N, BANSAL R, 2007. Object segmentation using graph cuts based active contours. Computer Vision & Image Understanding,107(3):210-224.

YAMAGUCHI Y,MORIYAMA T,ISHIDO M,et al.,2005. Four component scattering model for polarimetric SAR image decomposition. IEEE Transaction on GeoscienceRemote Sensing,43(8):1699-1706.

YAMAGUCHI Y, YAJIMA Y, YAMADA H, 2006. A four component decomposition of PolSAR images based on the coherency matrix. IEEE Geoscience on Remote SensingLetters,3(3):292-296.

YAO K,1973. A representation theorem and its applications to spherically invariant random processes. IEEE Transactions on Information Theory,IT-19(5):600-608.

YIN J, YANG J, 2014. A modified level set approach for segmentation of multiband polarimetric SAR images. IEEE Transactions on Geoscience & Remote Sensing,52(11):7222-7232.

YU P, QIN A, CLAUSI D, 2012. Unsupervised polarimetric SAR image segmentation and classification using region growing with edge penalty. IEEE Transactions on Geoscience & Remote Sensing,50(4):1302-1317.

YU Q,CLAUSI D,2008. IRGS:Image segmentation using edge penalties and region growing. IEEE Transactions on Pattern Analysis & Machine Intelligence,30(12):2126-2139.

YU S,SHI J, 2003. Multiclass spectral clustering. Ninth IEEE International Conference on Computer Vision (ICCV 2003),Nice,France,13-16 October.

YU Y J,ACTON S,2000. Polarimetric SAR image segmentation using texture partitioning and statistical analysis. 2000 International Conference on Image Processing, Vancouver,BC,10-13 Sptember.

ZHANG B, MA G, ZHANG Z, et al., 2013. Region-based classification by combining MS segmentation and MRF for PolSAR images. Journal of Systems Engineering & Electronics,24(3):400-409.

ZOU P,LI Z, TIAN B,et al.,2015. A level set method for segmentation of high-resolution polarimetric SAR images using a heterogeneous clutter model. Remote Sensing Letters,6(7):548-557.

缩 写 索 引

PolSAR   polarimetric synthetic aperture radar 全极化合成孔径雷达
PolSLIC   polarimetric simple linear iterative clustering 极化简单线性迭代聚类
PWF   polarimetric whitrning filter 极化白热滤波
QD   quantity disagreement 定量分歧
RBM   restricted boltzmann machines 受限玻尔兹曼机
RF   random forests 随机森林
SAR   synthetic aperture radar 合成孔径雷达
SIRV   spherically invariant random vector 球不变随机矢量
SLIC   simple linear iterative clustering 简单线性迭代聚类
SVM   support vector machine 支持向量机
SRM   statistical region merging 统计区域合并
UA   user's accuracy 用户精度
WMRF   wishart markov random field 马尔科夫随机场